수학 소녀의 비밀노트

엉뚱해
통계

수학 소녀의 비밀노트
엉뚱해 통계

2024년 12월 31일 1판 1쇄 발행

지은이 | 유키 히로시
옮긴이 | 오정화
펴낸이 | 양승윤

펴낸곳 | (주)와이엘씨
　　　　서울특별시 강남구 강남대로 354 혜천빌딩 15층
　　　　(전화) 555-3200 (팩스) 552-0436

출판등록 | 1987. 12. 8. 제1987-000005호
http://www.ylc21.co.kr

값 17,500원

ISBN 978-89-8401-251-6　04410
ISBN 978-89-8401-240-0　(세트)

- **영림카디널**은 (주)와이엘씨의 출판 브랜드입니다.
- 소중한 기획 및 원고를 이메일 주소(editor@ylc21.co.kr)로 보내주시면,
　출간 검토 후 정성을 다해 만들겠습니다.

수학 소녀의 비밀노트

엉뚱해 통계

유키 히로시 지음
오정화 옮김
전국수학교사모임 감수

전국수학
교사모임
추천도서

일본수학
협회 출판상
수상

영림카디널

감수의 글

고등학교 시절 나는 수학을 어떻게 배웠는지 지난날을 돌아봅니다.

개념을 완전히 이해하고 문제를 해결했는지 아니면 좋은 점수를 받기 위해 문제 풀이 방법만 쫓아다녔는지 말입니다. 지금은 입장이 바뀌어 학생들을 가르치는 선생님이 되었습니다. 수학을 어떻게 가르쳐야 할까? 제대로 개념을 이해시킬 수 있을까? 수학 공부를 어려워하는 학생들에게 이 내용을 이해시키려면 어떻게 해야 할까? 늘 고민합니다.

'수학을 어떻게, 왜 가르쳐야 하는 것일까?'라고 매일 스스로에게 반복해서 질문하며 그에 대한 답을 찾아다닙니다. 그러나 명확한 답을 찾지 못하고 다시 같은 질문을 되풀이하곤 합니다. 좀 더 쉽고 재밌게 수학을 가르쳐보려는 노력을 하는 가운데 이 책, 《수학 소녀의 비밀 노트》 시리즈를 만났습니다.

수학은 인류의 역사상 가장 오래전부터 발달해온 학문입니다. 수학은 인류가 물건의 수나 양을 헤아리기 위한 방법을 찾아 시작한 이래 수천 년에 걸쳐 수많은 사람들에 의해 발전해 왔습니다. 그런데 오늘날 수학은 수와 크기를 다루는 학문이라는 말로는 그 의미를 다 담을 수 없는 고도의 추상적인 개념들을 다루고 있습니다. 이렇게 어렵고 복잡한 내용을 담게 된 수학을 이제 막 공부를 시작하는 학생들이나 일반인들이 이해하는 것은 더욱 힘들게 되었습니다. 그래서 더욱 수학을 어떻게 접근해야 쉽게 이해할 수 있을지 더 고민이 필요해졌습니다.

이 책의 등장인물들은 다양하고 어려운 수학 소재를 가지고, 일상에서 대화하듯이 편하게 이야기하고 있어 부담 없이 읽을 수 있습니다. 대화하는 장면이 머릿속에 그려지듯이 아주 흥미롭게 전개되어 기초가 없는 학생이라도 개념을 쉽게 이해할 수 있습니다. 또한 앞서 배웠던 개념을 잊어버려 공부에 어려움을 겪는 학생이어도 그 배운 학습 내용을 다시 친절하게 설명해주기에 걱정하지 않아도 됩니다. 더군다나 수학을 어떻게 쉽게 설명해야 할까 고민하는 선생님들에게 그 해답을 제시해주기도 합니다.

수학은 수와 기호로 표현합니다. 언어가 상호 간 의사소통을 하기 위한 최소한의 도구인 것과 같이 수학 기호는 수학으로 소통하는 사람들의 공통 언어라고 할 수 있습니다. 그러나 수학 기호는 우리가 일상에서 사용하는 언어와 달리 특이한 모양으로 되어 있어 어렵고 부담스럽게 느껴집니다. 이 책은 기호 하나라도 가볍게 넘어가지 않습니다. 새로운 기호를 단순히 '이렇게 나타낸다'가 아니라 쉽고 재미있게 이해할 수 있도록 배경을 충분히 설명하고 있어 전혀 부담스럽지 않습니다.

또한, 수학의 개념도 등장인물들의 자연스러운 대화를 통해 새롭고 흥미롭게 설명해줍니다. 이 책을 다 읽고 난 후 여러분은 자신도 모르게 수학에 대한 자신감이 한층 높아지고 수학에 대한 두려움이 즐거움으로 바뀌게 될지 모릅니다.

수학을 처음 접하는 학생, 수학 공부를 제대로 시작하고 싶지만 걱정이 앞서는 학생, 막연히 수학에 대한 두려움이 있는 학생, 수학 공부를 다시 도전하고 싶은 학생, 혼자서 기초부터 공부하고 싶은 학생, 심지어 수학을 어떻게 쉽고 재밌게 가르칠까 고민하는 선생님에게 이 책을 권합니다.

전국수학교사모임 회장

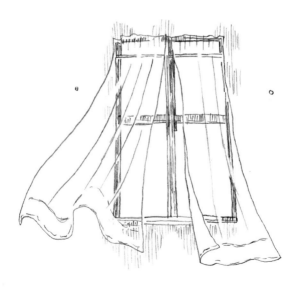

독자에게

이 책에서는 유리, 테트라, 미르카,

그리고 '나'의 수학 토크가 펼쳐진다.

무슨 이야기인지 이해하기 어려워도, 수식의 의미를

이해하기 어려워도 멈추지 말고 계속 읽어주길 바란다.

그리고 그들이 하는 말을 귀 기울여 들어주길 바란다.

그래야만 여러분도 수학 토크에 함께 참여하는 것이 되니까.

등장인물 소개

나 고등학교 2학년. 수학 토크를 이끌어 나간다. 수학, 특히 수식을 좋아한다.

유리 중학교 2학년. '나'의 사촌 여동생. 밤색의 포니테일로 묶은 헤어스타일이 특징. 논리적 사고를 좋아한다.

테트라 고등학교 1학년. 항상 기운이 넘치는 '활력 소녀'. 단발머리에 큰 눈이 매력 포인트.

미르카 고등학교 2학년. 수학에 자신이 있는 '수다쟁이 재원'. 검고 긴 머리와 금속 테 안경이 특징.

어머니 '나'의 어머니.

미즈타니 선생님 '나'의 고등학교에 근무하는 사서 선생님.

차례

제1장 그래프의 속임수

제2장 평평하게 다지는 평균

제5장 던진 동전의 정체

많이 있으면 알 수 없다.

하나라면 알 수 있을까?

하나라면 알 수 있을지도.

평균, 분산, 그리고 표준편차.

많이 있으면 알 수 없다.

하나라면 알 수 있을지도.

그럼 도대체 왜 이렇게 많을까?

잘 모르지만, 알고 싶다.

잘 모르니까 알고 싶다.

동전을 수없이 던져 보면

동전의 비밀이 풀릴까?

동전을 여러 번 던지면

동전의 왜곡도 알 수 있을까?

기댓값, 표준점수, 그리고 귀무가설.

오직 하나라면 알 수 없다.

많이 있다면 알 수 있을지도.

여러분에 대해서도, 알 수 있을지도.

그래프의 속임수

"쉽게 이해할 수 없다면 전해지지 않는다."

나는 고등학생이고 여기는 집의 거실이다. 나는 사촌 동생 유리와 함께 텔레비전을 보고 있다.

나 앗, 또 나왔다.

유리 응? 뭐가? 어떤 게 나왔다는 거야?

나 **그래프** 말이야. 광고에 등장했어.

유리 오빠, 무슨 소리 하는 거야? 당연히 광고에 그래프가 나올 수도 있지! 그래프가 더 이해하기 쉬운걸.

나 유리는 정말 그래프가 더 이해하기 쉽다고 생각해?

유리 또 나왔네, 오빠의 '선생님 말투'. 유리는 그 방법에 쉽게 넘어가지 않을 거랍니다!

나 선생님 말투라니, 그럴 리가!

유리 정말이야! 지금 오빠가,

'정말 그래프가 더 이해하기 쉽다고 생각해?'

라고 했잖아! 만약에 내가

'이해하기 쉽지!'

라고 대답하면, 오빠는 가르치려는 시선으로 분명

'그렇게 생각하겠지. 하지만 틀렸어, 유리'

라고 말할걸! 그걸 '선생님 말투'라고 하지, 그럼 뭐라고 불러?

나 그건 그렇다 치고, 정말 그래프가 알아보기 쉽다고 생각해?

유리 당연하지! 왜냐하면 숫자가 이리저리 많이 나오면 알아보기 어렵잖아. 그래프가 훨씬 더 이해하기 쉬워!

나 보통 그렇게 생각하지. 하지만 그렇지 않아, 유리.

유리 선생님 말투….

나 많은 사람들이 그래프가 더 보기 쉽다고 생각해. 숫자가 나열된 표보다 확실히 그래프가 한눈에 들어오는 느낌이 들기 때문이야.

유리 하지만 아니다?

나 한눈에 들어오는 것도 좋지만 올바르게 이해하는 것이 더 중요해.

유리 한눈에 알 수 있으면 올바르게 이해하는 게 아니야?

나 자, 텔레비전을 끄고 구체적인 그래프를 그려보자.

유리 그래!

1-2 표를 그리자

나 지금부터 하는 이야기는 가공의 데이터야. 예를 들면…, 그렇지! 어떤 회사의 직원 수를 조사하기로 하자.

유리 어떤 회사? '유리 주식회사'도 괜찮아?

나 뭐든지 괜찮아. 그럼 유리가 사장이겠네!

유리 히히.

나 유리 주식회사의 직원 수를 조사할 거야. 조사를 시작한 첫
해, 즉 0년 차에는 직원이 100명, 1년 차에는 117명이라고
가정하자.

유리 1년 사이에 직원이 많아졌네!

나 게다가 유리 주식회사는 매해 126명, 133명, 135명, 136
명이 되었어.

유리 아니, 숫자를 너무 술술 말하는데!

나 숫자가 많으면 표를 그리는 것이 좋아. 표를 사용하면 매해
의 직원 수를 정확하게 알 수 있지.

유리 그렇구나.

연차	0	1	2	3	4	5
직원 수(명)	100	117	126	133	135	136

유리 주식회사의 직원 수

나 자, 이 표를 보고 무엇을 알 수 있을까?

유리 직원 수!

나 맞아, 직원의 수를 알 수 있지. 또 어떤 사실을 알 수 있을까?

유리 증가하고 있다!

나 그렇지. 직원 수가 증가하고 있다는 사실을 알 수 있어. 차
   례대로 보면 숫자가 점점 커지고 있기 때문이야.

유리 간단한데?

나 이 회사의 사장인 유리 사장은 표를 바탕으로 직원 수의 **변
   화**를 조사하고 싶어. 그래서 **꺾은선그래프**를 그렸어. 꺾은선
   그래프는 변화를 나타낼 때 사용해.

유리 아하!

나 꺾은선그래프는 간단하게 그릴 수 있어. 바로 이런 식으로
   말이야.

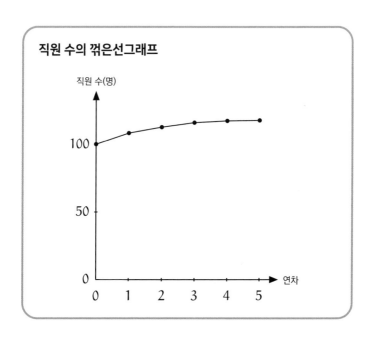

직원 수의 꺾은선그래프

유리 역시 직원은 점점 증가하고 있네. 조금씩!

나 그렇지만 유리 사장은 그 부분이 마음에 들지 않았어.

유리 응?

나 주식회사를 경영하고 있는 유리 사장은 직원 수가 급격하게
    증가하지 않는다는 점이 못마땅했던 거야.

유리 그럼 직원을 많이 고용하면 되잖아!

나 그렇게 돈이 많지 않아. 그래서 그래프를 약간 수정해서 직
    원 수의 증가를 **크게 보이고 싶다**고 생각했어.

유리 앗! 데이터 조작?

나 아니, 데이터를 조작하자는 의미가 아니야. 정의감이 넘치
    는 유리 사장은 그런 짓은 하지 않겠지?

유리 물론이지!

나 꺾은선그래프의 아랫부분을 잘라내는 거야. 이런 식으로!

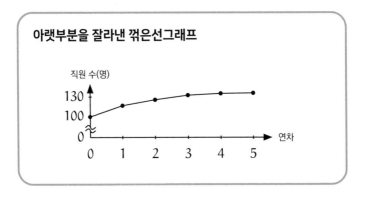

아랫부분을 잘라낸 꺾은선그래프

유리 그럼 직원 수가 확 증가한 것처럼 보일까?

나 유리는 그래프를 볼 때 무엇이 중요한지 알고 있어?

유리 중요한 것…. 축을 본다?

나 맞았어! 그래프는 반드시 **'축과 눈금을 확인'**해야 해. 그리고
   숫자가 나올 때는 **단위**도 꼭 확인하고!

유리 알겠습니다, 선생님!

나 아랫부분을 자른 그래프의 세로축을 자세히 보면 '여기를 생
   략하고 있어요'라는 의미의 물결선이 그려져 있어. 여길 봐.

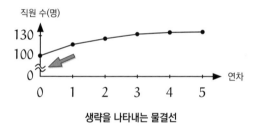

생략을 나타내는 물결선

유리 정말이다!

나 따라서 데이터 조작도 아니고, 그래프가 거짓말을 하는 것
   도 아니야.

유리 음, 그렇긴 하지만….

나 물결선이 없을 때도 있어. 그래프의 눈금이 정확하다면, 그

것으로도 변화를 올바르게 나타낼 수 있으니까 말이야.

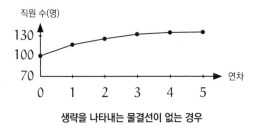

생략을 나타내는 물결선이 없는 경우

유리 확실히 눈금은 틀리지 않았지만….

나 하지만 유리 사장은 이걸로도 마음에 내키지 않아.

유리 뭐?

1-4 더 크게 보이고 싶어

나 그래프의 아랫부분을 잘라내는 것만으로는 직원 수의 증가
　가 그렇게 커 보이지 않아.

유리 왜냐하면 데이터는 똑같으니까.

나 그래서 이렇게 그래프를 세로로 길게 늘여보았어.

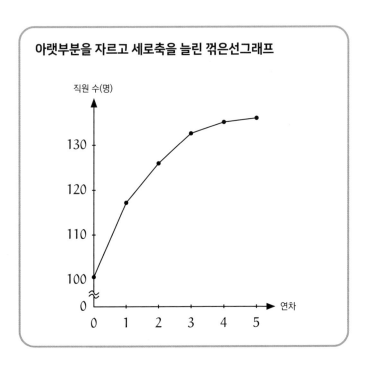

아랫부분을 자르고 세로축을 늘린 꺾은선그래프

직원 수(명)

130

120

110

100

0

연차

0   1   2   3   4   5

유리 이건 너무 심하다! 엄청나게 증가한 것처럼 보이잖아!

나 하지만 그래프에서 거짓말을 하는 건 아니야. 그래프의 세
로축 눈금의 간격이 이전보다 커졌을 뿐, 수치 자체를 조작
하는 것은 아니니까.

유리 분명 그럴지도 모르지만, 직원 수의 증가가 실제보다 더
크게 보여.

나 그건 그렇지. 하지만 그래프의 아랫부분을 잘라도, 심지어

이렇게 길게 해도 나타내는 수치를 속이고 있지는 않아. 다만 그래프를 만든 사람의 의도가 반영되는 것은 분명하지.

유리 의도?

나 응. 그래프를 사용해 직원 수의 증가를 **크게 보이고 싶다**는 생각이야.

유리 그건 옳지 못해!

나 반드시 그렇지도 않아. 아까처럼 자르고 늘리면 작은 변화가 크게 확대되지. 다시 말해 데이터가 변하는 모습이 더 알기 쉽게 되어 있어. 잘랐으니까 잘못됐어! 늘렸으니까 틀렸어! 이런 결론은 옳지 않아.

유리 그래?

나 그래서 그래프를 읽는 쪽에서 주의 깊게 읽어야 할 필요가 있어.

유리 무슨 말이야?

나 지금까지는 그래프를 보여 주는 쪽의 이야기였어. 그래프를 보여 주는 쪽이 자르고 확대해서 '자, 대단하지?'라고 말한 거야.

유리 그렇구나.

나 그에 비해 그래프를 보는 쪽은 '이 부분을 삭제하지 않으면 어떤 그래프일까?'라고 고민하는 게 좋아. 그리고 가능하면 그래프를 직접 다시 그려보는 거야. 그래야 아무리 유리 사장이 '직원 수가 이만큼이나 증가하고 있어!'라고 주장해도 그에 반론하는 그래프를 그릴 수 있기 때문이야.

유리 그렇구나….

나 그럼 이쯤에서 유리 사장에게 반기를 드는 전무가 등장해.

유리 응?

1-5 더 작게 보이고 싶어

나 유리 주식회사의 전무는 차기 사장 자리를 노리고 있어. 그래서 전무는 유리 사장의 주장에 반대하고 싶어 한다고 가정하자. 즉 전무는 그래프를 사용해 '직원 수는 그렇게 증가하고 있지 않아'라는 인상을 주고 싶은 거지.

유리 음모가 소용돌이치는 회사구나.

나 그래서 전무는 이런 표를 만들었어. '전년 대비 증가 인원'을 생각하기로 한 거야.

연차	0	1	2	3	4	5
직원 수(명)	100	117	126	133	135	136
전년 대비 증가 인원	×	17	9	7	2	1

직원 수와 전년 대비 증가 인원

유리 1년 차가 '17'인 것은 117 − 100 = 17을 말하는 거야?

나 그렇지. 전년에 비해 직원 수가 얼마나 증가하였는지를 나타낸 거야. 다만 전년이 없는 0년 차는 '×'라고 썼어.

유리 이건 계차수열!

나 맞아. 전년 대비 증가 인원은 분명 계차수열*이지.

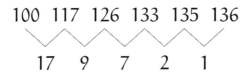

유리 그리고? 이게 어떻게 된다는 거야?

나 잘 봐. 직원 수는 증가하고 있지만 직원의 증가 인원은 반대로 감소하고 있지?

유리 으응? …아, 그렇구나! '17, 9, 7, 2, 1'로 감소하네. 하지만 직원 수 자체는 증가하고 있어.

나 이걸 꺾은선그래프로 그리면 어떻게 보일까…?

---

* 계차수열에 대한 내용은 《수학 소녀의 비밀 노트-수열의 고백》 참고.

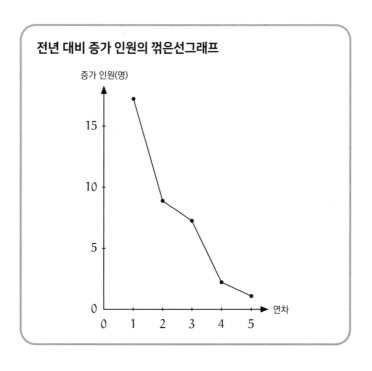

전년 대비 증가 인원의 꺾은선그래프

증가 인원(명)

15

10

5

0

0 1 2 3 4 5 연차

유리 아, 그렇구나! 이 꺾은선그래프는 언뜻 보면 마치 사원이
감소하는 것처럼 보이네?

나 그래프의 축을 보지 않는 덜렁이에게는 그렇게 보일지도
모르지.

유리 그럼 전무는 이 그래프를 내밀며 사장에게 따지겠지. '사
장님! 이 상황을 어떻게 생각하십니까!'라고 말이야.

나 하하하, 그렇지. 물론 이 그래프도 거짓말을 하는 것은 아니야. 전년 대비 증가 인원을 꺾은선그래프로 표현했을 뿐이니까.

유리 정말 신기하다, 오빠. 기본 데이터는 전혀 바뀌지 않았는데

- 조금씩 증가하고 있다.
- 크게 증가하고 있다.
- 감소하고 있다.

이렇게 보이는 그래프가 그려지는구나!

나 그래서 그래프는 분명 '한눈에 알 수 있다'라고 말할 수 있지만, '바르게 이해하기' 위해서는 주의가 필요해. 그래프가 나타내고 있는 것을 읽어내는 힘이 필요한 거지.

유리 그렇구나!

1-6 막대그래프

나 방금 전무는 마치 직원 수가 급격하게 감소하는 인상을 주는 꺾은선그래프를 그렸지?

유리 응. 직원 수는 감소하고 있지 않은데 말이야.

나 게다가 전무는 이런 막대그래프도 그려 왔어.

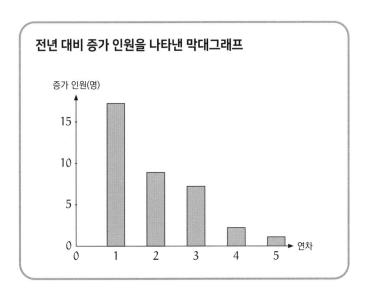

전년 대비 증가 인원을 나타낸 막대그래프

유리 아까 꺾은선그래프와 같은 느낌인데?

나 맞아. 막대그래프는 막대의 '높이'를 사용해 수치의 크기
를 표현하지.

유리 그렇지.

나 전무는 이렇게 생각했어. '높이로 수치의 크기를 표현하니
까, 막대그래프와 같은 직사각형이 아니라 원을 사용해도 괜
찮을 것이다'라고 말이야.

유리 막대그래프에 원을 사용한다는 게 무슨 말이야?

나 바로 이런 거지.

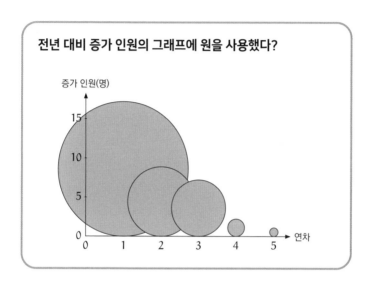

전년 대비 증가 인원의 그래프에 원을 사용했다?

증가 인원(명)

연차

유리 엇? 이거 방금과 같은 그래프 맞아?

나 전무는 같다고 생각했어. 원의 지름을 각각 '17, 9, 7, 2, 1'
로 했으니까 말이야.

유리 오빠, 이건 곤란해! 원이 갑자기 작아지면서 엄청나게 감
소하는 것처럼 보이잖아!

나 유리의 말이 맞아. 원의 '지름'으로 수치의 크기를 나타냈

다고 주장해도, 우리는 원의 '면적'에 대한 인상을 먼저 받아. 원의 면적이 수치의 크기를 나타내는 것처럼 느껴지는 거야. 그래서 '17, 9, 7, 2, 1'이 아니라 '17^2, 9^2, 7^2, 2^2, 1^2'라는 데이터를 나타내는 것처럼 보여. 즉 '289, 81, 49, 4, 1'의 인상을 받는 거지.

유리 역시 이건 그래프로서 실격이지?

나 그렇지. 이거는 좀 심하다고 생각해. 하지만 이 세상에는 사람을 속이기 위한 **그래프의 속임수**가 흘러넘치고 있어. 아까 텔레비전 광고에 이것과 매우 비슷한 그래프가 나왔어. 원의 지름으로 수량을 나타내는 듯한 막대그래프 비슷한 것 말이야.

유리 오빠, 대단하다! 그걸 한눈에 간파했어?

나 사람을 속이기 위한 그래프의 속임수는 정말 자주 발견할 수 있어.

- **축**이 무엇을 나타내는지 알 수 없는 그래프
- **눈금**이 정확하지 않은 그래프
- 오해하기 쉽게 그려진 그래프

모두 자주 볼 수 있지. 그래프가 나오면 '**속임수를 사용하지**

않은 그래프인지'를 반드시 의식해야 해. 깜짝 놀랄 정도로 많이 찾을 수 있으니까 말이야.

유리 그렇구나!

나 원의 지름이 2배가 되면 원의 면적은 4배가 되지. 이를 이용해 크기의 차이를 극단적으로 보여줄 수 있어. 하지만 이는 보는 사람이 바로 눈치챌 수 있기 때문에 그런 그래프를 그린 사람의 신용은 뚝 떨어지지.

유리 맞아. 빤히 다 들여다보이니까.

1-7 가로축을 바꾸다

나 직원 수의 증가를 어필하고 싶은 사장. 그리고 그를 강조하고 싶지 않은 전무. 이런 설정이면 같은 데이터인데도 불구하고 전혀 다른 그래프가 탄생한다는 사실을 알 수 있어. 그래프를 그리는 사람의 의도가 다르기 때문이야.

유리 그래도 원의 지름을 이용한 막대그래프는 너무 심해! 유리 사장의 입장에서는 "전무의 이런 과장된 그래프는 용서할 수 없어!"라고 화를 내면서 "직원은 계속 증가하고 있어!"라는 그래프를 들이밀고 싶어질 거야. 세로축 눈금을 조금만 움직이면 직원이 증가하는 인상도 줄 수 있고 말이야.

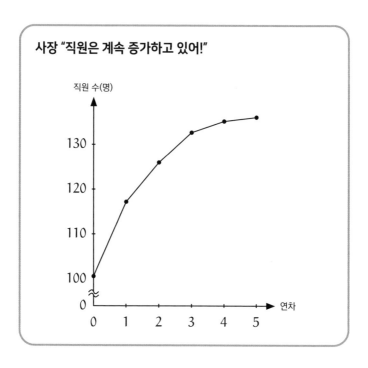

사장 "직원은 계속 증가하고 있어!"

나 움직일 수 있는 것은 세로축뿐만이 아니야. 가로축 눈금을 조금만 바꾸어도 느낌이 꽤 많이 달라져. 같은 데이터를 3년 차, 4년 차, 5년 차만 그려보는 거야. 그럼 "직원은 거의 증가하지 않았어요"라는 꺾은선그래프가 그려지지.

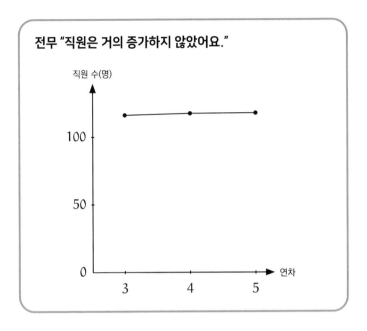

전무 "직원은 거의 증가하지 않았어요."

유리 아하! **그래프를 어떻게 그릴지만이 아니라 데이터의 어느 부분을 선택하여 그래프로 나타낼지도 중요한 거네!**

나 그렇지. 그래프의 왼쪽을 자르면 데이터의 가장 최근 수치밖에 보이지 않아. 반대로 그래프의 왼쪽을 길게 늘이면 훨씬 과거의 수치도 볼 수 있지. 아, 그중에 유명한 것이 바로 **주가 그래프**야.

유리 주가?

나 유리는 '주식'이란 말 들어봤니?

유리 아니, 잘 몰라.

나 회사는 자금을 모으기 위해 '주식'이라는 것을 팔기도 해.
그 주식의 가격이 바로 주가야. 인기 있는 회사의 주식은 모
두가 사고 싶어 하기 때문에 주가가 높아져. 반대로 인기 없
는 회사의 경우, 주가는 낮아지지. 이렇게 주가는 항상 변하
고 있어.

유리 잘 이해가 안 가. 모두가 사고 싶어 한다니, 그걸 어떻게
조사하는 거야?

나 음, 지금 자세하게 이야기하기는 힘들지만, 어쨌든 내가 하
고 싶은 이야기는 주식이라는 것이 있고, 그 가격은 항상 변
하고 있다는 것뿐이야.

유리 흐음?

나 일반적으로 사람들은 증권 회사를 통해 회사의 주식을 사거
나 팔아. 예를 들어 유리가 어떤 회사의 주식을 1,000원일
때 사고, 1,500원일 때 팔았다고 가정하자. 그러면 유리는
차액인 $1,500 - 1,000 = 500$원만큼을 번 거야.

유리 …고작 500원? 이게 뭐가 재밌어?

나 많이 사고팔면 더 큰 이익을 얻게 돼. 1주에 1,000원인 주식을 1만 주 사두고 1,500원이 되었을 때 전부 팔면 500만 원의 이익을 얻은 거야.

유리 아, 그렇구나!

나 이렇게 주가는 이익으로 직결해. 그래서 주식을 하는 사람들은 주가의 변동에 크게 관심을 가지는 거야. 예를 들어 이런 **그래프 1**을 보고 '주가가 계속 상승하고 있다'라고 판단하는 사람이 있을 거야.

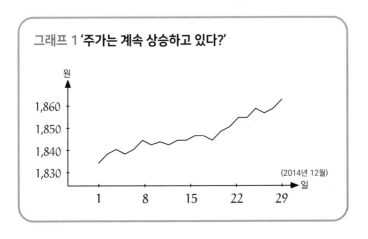

유리 응? 아니, 보이는 것처럼 분명 상승하고 있는데?

나 정말 그럴까?

1-9 사실은 하락하고 있다

유리 또 선생님 말투네요. 가끔 하락하기도 하지만, 전체적으
로 상승하고 있는걸? 그래프의 눈금에 속임수만 없으면.

나 그럼 같은 회사의 다른 주가 그래프를 하나 더 보도록 하자.
예를 들어 **그래프 2**는 어떻게 생각해?

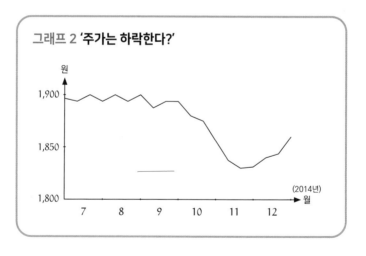

유리 엥? 이거는 그래프 1이랑 전혀 다른 그래프잖아.

나 그래프를 읽을 때는 '**축과 눈금을 확인**'해야 해.

유리 맞아, 그랬지…. 아, 두 그래프는 **날짜의 범위가 다르구나.**

그래프 1은 1개월, 그래프 2는 6개월이야!

나 맞아.

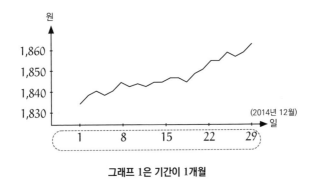

그래프 1은 기간이 1개월

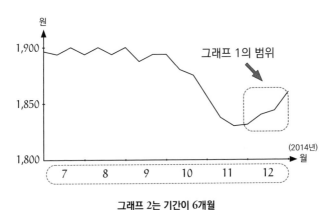

그래프 2는 기간이 6개월

유리 범위만 바꿨을 뿐인데 그래프가 전혀 다르네!

나 맞아. 그래프 1에서 보이는 전체는 그래프 2에서 아주 일부
가 되기 때문이야.

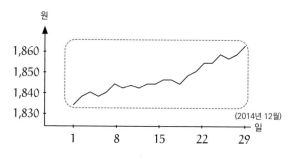

그래프 1에서는 주가가 계속 상승하는 것처럼 보인다

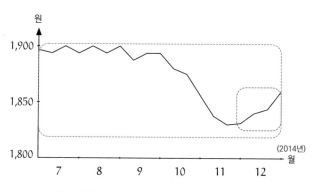

그래프 2에서는 주가가 계속 상승하는 것처럼 보이지 않는다

유리 그 말은…! 주가가 '7월, 8월, 9월에는 비교적 안정적이
    었다가 갑자기 하락하더니 12월에 약간 상승했다'라는 말
    이 진짜였구나!

나 응, 맞아.

유리 그렇다면 주가가 계속 상승한다는 건 틀린 말이네.

나 그렇게 생각해?

1-10 사실은 계속 상승했다

유리 아니야? 하지만 그래프 2를 보면 그렇잖아!

나 같은 회사의 주가를 그린 **그래프 3**을 하나 더 보도록 하자.

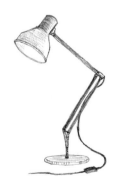

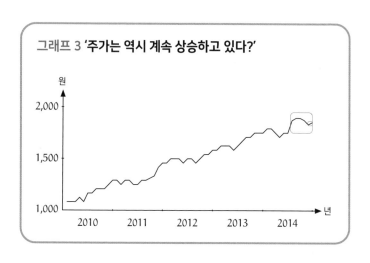

그래프 3 '주가는 역시 계속 상승하고 있다?'

유리 이번에는 날짜가 '연도'가 됐어!

나 맞아. 그래프 1 → 그래프 2 → 그래프 3으로, 점점 기간의
범위를 넓혔어.

그래프 1 '1개월 범위에서 주가는 상승하고 있다.'

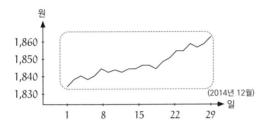

그래프 2 '6개월 범위에서 주가는
안정 → 하락 → 상승하고 있다.'

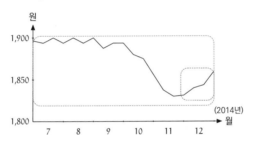

그래프 3 '5년 범위에서는 주가가 계속 상승하고 있다.'

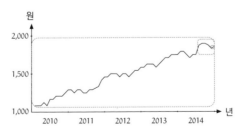

유리 음···, 하지만 더 넓게 10년 범위라면 어떻게 되는지 알 수 없잖아.

나 그렇지.

유리 그럼 도대체 '진짜 주가'는 뭐야? 상승하는 그래프를 상 승하고 있다고 말할 수 없다면 그래프를 보아도 아무 말도 할 수 없게 되잖아.

나 맞아. 그래서 구체적인 조건을 붙이면 되는 거야. '최근 1개 월 동안은 주가가 상승했습니다.' 이렇게 말이야.

유리 조건을 붙인다···.

1-11 직원 수의 비교

유리 이렇게 사장과 전무의 경쟁은 끝?

나 아까 그래프의 눈금을 바꾸면 인상이 달라진다고 말했었 지? 이번에는 '어떻게 눈금을 자연스럽게 바꿀 수 있을까?' 에 대해 이야기를 해보려고 해.

유리 오호?

나 음모가 소용돌이치는 회사에 이제 유리의 이름은 그만 쓰 고, 'A사'라고 할게. A사와 경쟁 회사인 B사의 각 직원 수는 아래의 표와 같다고 가정하자.

연차	0	1	2	3	4	5
A사	100	117	126	133	135	136
B사	2,210	1,903	2,089	2,020	2,052	1,950

A사와 B사의 직원 수 (단위: 명)

유리 A사는 아까와 마찬가지로 조금씩 증가하고 있어.

나 응, 맞아. 그리고 B사는 어때?

유리 음, '2,210, 1,903, 2,089, 2,020, 2,052, 1,950'이니까
증가했다가 감소했다가, 그런 느낌?

나 'A사는 조금씩 증가하고 있지만 B사는 증가하거나 감소하
고 있다', 이렇게 보이지?

유리 응, 맞아.

나 과연 그럴까?

1-12 직원 수 그래프의 비교

유리 '과연 그럴까'라니, 지금 말한 대로잖아.

나 자, **그래프 4**를 보고도 똑같이 느껴지는지 살펴보자.

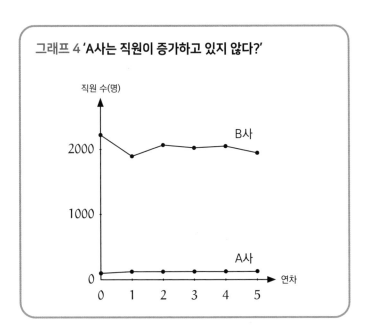

그래프 4 '**A사는 직원이 증가하고 있지 않다?**'

유리 아! 그렇구나. 이러면 A사의 직원 수는 증가하고 있지 않
   은 것처럼 보여!

나 유리는 그 이유를 알고 있지?

유리 당연하지! A사는 직원 수가 약 100명 정도인데 B사는 약
   2,000명 정도로 훨씬 많기 때문이야. 그래서 그래프 4에서
   는 A사의 증가한 양이 보이지 않는 거지!

나 맞아, 바로 그거야.

유리 그렇구나…. 그럼 'A사의 직원 수는 조금씩 증가하고 있다'라는 말은 틀린 거야?

나 그렇게 주장하기 위해서는 보충 설명이 필요해. 'A사의 직원 수는 조금씩 증가하고 있다. 그러나 B사에 비해 그 증가 인원의 규모는 작다'처럼 말이야.

유리 한마디로 간략하게 말할 수는 없구나.

나 응, 그렇게 단순하지 않아. 그래서 그래프를 사용하면서 설명 없이 **'보이는 것처럼'**이라고 말하는 것은 굉장히 무책임한 거야.

유리 응응. 아, 하지만 'A사보다 B사의 직원 수가 압도적으로 많다'라는 것은 '보이는 대로'가 맞지?

나 정말 그럴까?

1-13 막상막하의 연출

유리 왜냐하면 100명과 2,000명은 전혀 다르잖아!

나 자, **그래프 5**를 보면 어떤 생각이 들어?

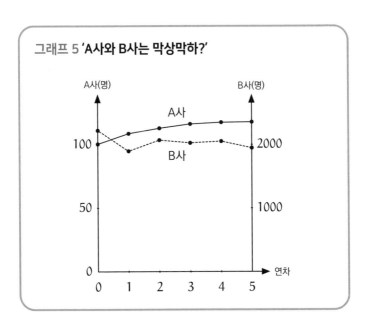

그래프 5 'A사와 B사는 막상막하?'

유리 우와! 오빠, 이건 너무 심하다! A사와 B사의 그래프에서 눈금이 전혀 다르잖아!

나 그렇지. 그래프 5에서 A사는 왼쪽 눈금을 사용하고, B사는 오른쪽 눈금을 사용하고 있어. 이런 그래프라면 A사와 B사라는 경쟁 회사가 우열을 가릴 수 없는 막상막하인 것처럼 보이지?

유리 이 그래프는 역시 실격!

나 A사와 B사의 '**직원 수를 비교**하는 그래프'로는 실격이지.

하지만 '직원 수의 **변화를 비교**하는 그래프'로는 편리할지
도 몰라.

유리 변화를 비교해?

나 아까 유리가 그랬잖아. A사는 조금씩 증가하고 있지만, B사
는 증가하거나 감소하고 있다고.

유리 아, 확실히 그래프 5라면 그렇게 보여.

나 그렇지? 꺾은선그래프는 변화를 보는 데 적합한 그래프야.
그래프 5에서는 A사와 B사의 직원 규모를 조정하여 두 회사
의 변화를 비교할 수 있도록 그리고 있어. 규모는 다르지만
비교하고 싶은 부분이 있을 테니까.

유리 그렇구나….

1-14 비교 대상을 선택하다

유리 그건 그렇고, 다양한 그래프를 그릴 수 있구나.

나 B사는 A사보다 규모가 컸어. 반대로 A사보다 규모가 작은
C사와 D사가 있다고 가정할게. 이들과 비교하면 A사에 대
한 인상은 또 달라질 거야. 자, **그래프 6**을 살펴보자.

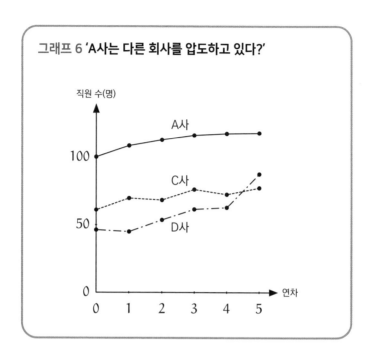

그래프 6 'A사는 다른 회사를 압도하고 있다?'

직원 수(명)

A사

100

C사

50

D사

0

0   1   2   3   4   5   연차

유리 이건 그래프 4와는 반대네. A사를 직원이 적은 다른 회사
　　와 비교하고 있어. 이러면 오히려 A사가 크게 보여!

나 맞아, 맞아.

유리 이제 더 이상 그래프 이야기가 아니네? '그래프를 어떻게
　　그릴까?'가 아니라 '어떤 회사와 비교할까?'인걸.

나 아, 그렇지.

유리 응. 그래프는 이해하기 쉽다고 생각했는데 그렇게 단순

하지 않구나….

나 그래프를 그리는 사람의 의도가 반드시 필요하기 때문이야.

유리 이게 수학이라고 할 수 있어?

나 그래프를 그리는 것은 사람의 의도에 따라 그 방법이 달라진다는 의미에서 수학답지 않을지도 몰라.

유리 ….

나 하지만 데이터를 바탕으로 다양한 측면을 조사하는 것은 수학적이라고 생각해. '대략적으로 생각'하는 것이 아니라 '데이터를 기반으로 생각'하는 것은 매우 중요하고, 그때 그래프는 분명 유효할 거야. 하나의 그래프만으로 모든 것을 이해할 수 있다는 생각은 엄청난 착각이지만.

유리 응, 그렇게 느끼고 있었어. 하나의 그래프로 알 수 있는 것은 너무 적어. 여러 그래프를 그려봐야 다양한 사실을 알 수 있는 거야.

나 그렇지.

유리 '그래프 6에서 보이는 것처럼, A사 직원 수는 다른 회사를 크게 압도하고 있습니다'라는 말을 들으면 'B사는 없잖아!'라고 대답하고 싶어.

나 동감이야. 수학이 거짓말을 하는 것도, 그래프가 거짓말을 하는 것도 아니야. 인간이 거짓을 섞고 있는 거지.

유리 그런데 말이야, '다른 회사를 압도하고 있다'라고 해도 직
원 수가 많으면 좋은 건지, 어떤 건지에 대한 이야기도 있
지 않아?

나 그건 그렇지. 유리, 예리한데?

유리 헤헤.

나 그럼 이번에는 A사와 B사 제품의 **점유율 경쟁**은 어떠한지
를 보도록 하자.

유리 점유율 경쟁? 그게 뭐야?

나 어느 회사의 제품이 더 팔리는지에 대한 거야. A사는 α(알
파)라는 제품을 판매하고 있다고 가정하자.

유리 세탁기 같은 거?

나 세탁기로 하는 거야…? 뭐, 어떤 것이든 괜찮아. 그리고 B사
는 β(베타)라는 제품을 판매하고 있어. 이 세상 세탁기의 몇
퍼센트가 제품 α이고, 몇 퍼센트가 제품 β인지를 조사하면
그래프 7처럼 그릴 수 있어.

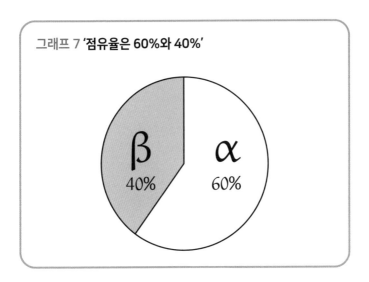

그래프 7 '점유율은 60%와 40%'

β 40%

α 60%

유리 이번에는 **원그래프**구나!

나 맞아. 전체 100% 가운데 α의 점유율이 60%, β의 점유율이
40%라고 가정하자.

유리 A사, 좀 하는데?

나 그런데 A사의 사장은 제품 α가 더 높은 점유율을 차지하고
있는 것처럼 보이게 하고 싶어.

유리 또? 장사는 정직하게 해야 하는데!

나 그래서 **그래프 8**을 그렸어.

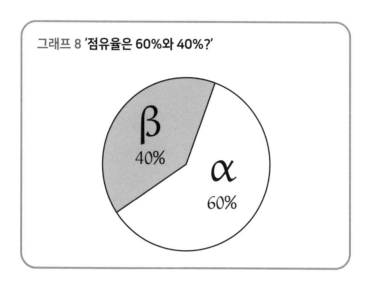

그래프 8 '점유율은 60%와 40%?'

β
40%

α
60%

유리 엥? α의 점유율이 조금 커졌나? …우와, 치사해! 이 원그래프는 위가 비스듬하게 되어 있어!

나 맞아. 보통은 시계의 12시 위치에서 시작하지만, 그래프 8은 약간 어긋나 있어. α의 부채꼴 각도는 변하지 않았지만 약간 회전시키는 거야. 이렇게만 해도 인상이 꽤 달라져.

유리 뭐, 그렇네. 조금이지만.

나 그리고 원근법을 이용하는 거야.

유리 원근법?

나 **그래프 9**와 같이 원그래프를 3차원 원판이라고 생각하고 기울여 그리는 거야.

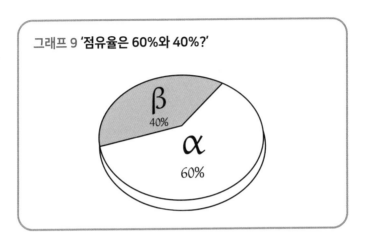

그래프 9 '점유율은 60%와 40%?'

β
40%

α
60%

유리 이건….

나 그래프 9는 40%를 나타내는 부채꼴이 멀리 있는 것처럼 그려져 있어서 β가 더 작아 보여.

유리 우와, 정말이다!

나 그래서 **3D로 표현한 원그래프는 매우 좋지 않아. 불합격이야.** 하지만 이것보다 더 심한 그래프를 그려 볼게.

유리 어떤 그래프?

나 바로 **그래프 10**과 같은 그래프야.

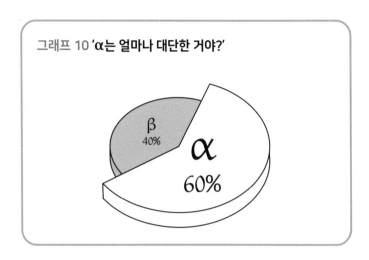

그래프 10 'α는 얼마나 대단한 거야?'

β
40%

α
60%

유리 이건 심하다! 너무 노골적이야.

나 그래프 10에서는 α의 반지름을 β보다 더 크게 그리고 있어.

   그리고 'α'라는 문자의 크기도 더 크게 쓰여 있지.

유리 으응….

1-16 무엇을 비교할 것인가

나 3차원이 아니더라도 **'무엇과 비교할지'**를 변화시키면 믿을
   수 없는 원그래프를 그릴 수 있어.

유리 비교의 대상이라고 해봤자 제품은 α와 β밖에 없잖아?

나 여기에서 설정을 살짝 바꾸어서, β에 버전 β_1, β_2, β_3가 있다고 가정하자. 그리고 β_1, β_2, β_3의 점유율을 각각 25%, 10%, 5%라고 하는 거지.

유리 그러니까, 25 + 10 + 5 = 40%라는 의미지?

나 맞아. 다시 말해 지금부터 제품 β의 점유율을 세 개로 **세분화**하려고 해.

유리 ….

나 이렇게 세분화하더라도 틀린 원그래프는 아니야. 왜냐하면 모두 더하면 정확히 100%가 되기 때문이지.

유리 응.

나 이렇게 그린 원그래프가 바로 **그래프 11**이야.

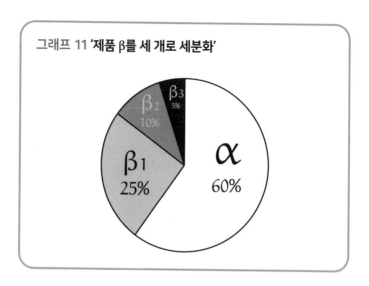

그래프 11 '제품 β를 세 개로 세분화'

β3 5%

β2 10%

β1 25%

α 60%

유리 이렇게 되면 제품 α가 너무 압도적으로 보여….

나 그렇지? 사용하는 데이터는 같아도 인상을 변화시킬 수 있
어. 제품 β를 '한꺼번에 비교하는 것'과 '세분하여 비교하는
것'만으로도 말이지.

유리 이런 치사한 짓은 얼마든지 가능할 것 같아.

나 그래프는 '한눈에 이해'할 수 있지만, 그래서 매우 위험한
거야. 마치 다 파악한 듯한 느낌이 들기 때문이지. 그래프가
무엇을 나타내고 있는지, 눈금과 축은 올바른지, 숨겨진 조
건은 무엇인지, 다르게 그릴 수 있는 방법이 있는지…. 이런

것들을 생각해 봐야 해.

유리 그렇구나….

참고 문헌과 웹페이지

- 《누구나 통계 with R(R과 함께라면 통계는 어렵지 않다!)》, 오쿠무라 하루히코 저
- 《새빨간 거짓말, 통계》, 대럴 허프 저
- '착각 입체 원그래프에 (심지어) 데이터 배치의 마법'이 혼재된 'Apple이 선보인 iPad의 점유율'
  http://hirax.net/diaryweb/2012/09/16.html
- CHART OF THE DAY: Tim Cook Used These Charts To Make Fun Of Amazon And Google's Tablet Sales
  http://www.businessinsider.com/chart-of-the-day-ipad-market-share-2012-9

"올바르지 않으면 의미가 없다."

제1장의 문제

- - - - - - - - - - -

●●● **문제 1-1 (막대그래프 읽기)**

어떤 사람이 제품 A와 제품 B의 성능을 비교하여 아래와 같은 막대그래프를 그렸다.

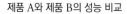

제품 A와 제품 B의 성능 비교

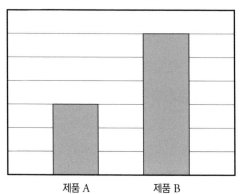

제품 A   제품 B

이 막대그래프에서 '제품 A보다 제품 B의 성능이 더 뛰어나다'라고 말할 수 있을까?

(해답은 298쪽에)

아래의 꺾은선그래프는 어느 해의 4월부터 6월까지의 기간에 식당 A와 레스토랑 B를 방문한 월별 고객 수를 비교한 것이다.

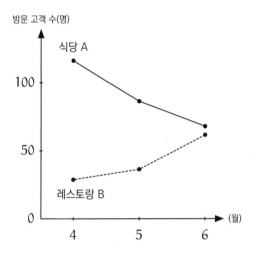

① 이 꺾은선그래프에서 '식당 A가 레스토랑 B보다 돈을 더 많이 번다'라고 말할 수 있을까?

② 이 꺾은선그래프에서 '해당 기간에 레스토랑 B는 월별 방문 고객 수가 증가하고 있다'라고 말할 수 있을까?

③ 이 꺾은선그래프에서 '7월에는 식당 A보다 레스토랑 B의 방문 고객 수가 더 많아진다'라고 말할 수 있을까?

(해답은 301쪽에)

●●● **문제 1-3 (속임수의 발견)**

어떤 사람이 아래와 같은 '구매자 연령층'을 나타내는 원그래프를 사용해 '이 상품은 10~20대 고객에게 주로 팔린다'라고 주장했다. 이에 대해 반론해 보시오.

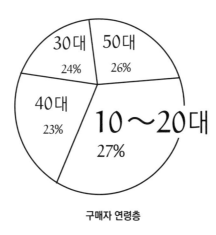

구매자 연령층

66

제2장

평평하게 다지는 평균

"단 하나의 숫자를 통해 무엇을 말할 수 있을까?"

여기는 나의 방. 오늘도 사촌 동생 유리가 놀러 왔다. 유리는 청바지를 입고 포니테일로 머리를 묶었다.

나 유리야, 즐거운 일 있어?

유리 헤헤, 그래 보여?

나 그럼! 지금 히죽거리고 있잖아.

유리 히죽이 아니라 생글생글이겠지!

나 하하, 어떤 좋은 일이야?

유리 헤헤, 좋은 일 있지. 얼마 전 봤던 시험 있잖아.

나 아하! 시험 점수가 잘 나왔구나.

유리 다섯 과목 중에 마지막 시험이었던 수학이 무려, 100점!

나 우와, 대단한데! …만점이 100점인 시험 맞지?

유리 말이 너무 심하잖아! 당연히 100점 만점이지! 다른 네 과
　 목의 점수가 안 좋았는데, 아슬아슬하게 살아남았어.

나 수학이 100점이라 평균 점수가 올랐구나?

유리 응! 수학 덕분에 평균이 5점이나 올랐어.

나 그렇구나. 그럼 유리의 다섯 과목 평균 점수는 80점이네?

유리 응? 잠깐만!

나 앗, 아니야?

유리 아니, 오빠가 어떻게 내 시험 평균을 알고 있어?

나 알고 있다니…?

유리 누구한테 들었어?

나 …유리한테.

유리 내가 언제 말했어! 나는

- 마지막 과목인 수학 점수는 100점이다.
- 그 덕에 평균 점수가 5점 올랐다.

라고만 말했는데?!

나 계산하면 바로 알 수 있지.

유리 뭐?

나 그러니까, 나는 이런 문제를 푼 거야.

●●● **문제 1 (평균 점수 구하기)**

유리는 100점 만점인 시험 다섯 과목을 보았다.

마지막 과목인 수학은 100점을 받았다.

그 덕분에 평균 점수가 5점 올랐다.

이때 유리의 다섯 과목의 평균 점수를 구하여라.

유리 일부러 문제 형식으로 바꾸지 않아도 괜찮은데!

나 이러면 간단하게 풀 수 있어.

유리 그렇구나…. 확실히 풀리네. 앗, 나의 실수! 수학 100점으로 평균이 5점 올랐으니까 네 과목에 20점이 되고, 결국 다섯 과목의 평균은 수학 100점에서 20점을 뺀 80점이라는 걸 들킨 거구나…, 휴.

나 잠깐만 유리, 지금 어떻게 계산한 거야?

유리 응? 나는 이렇게 계산했어. '다섯 과목의 평균 점수'보다 '수학 100점'이 더 받은 만큼의 점수를 '나머지 네 과목으로 나누어' 준 거야.

나 나누다?

유리 5점을 올려야만 하는 과목이 네 개니까 5 × 4 = 20점을 수학 점수에서 나누어 주는 거잖아? 그러니까 수학 100점에서 20점을 뺀 점수가 다섯 과목의 평균 점수가 되는 거지.

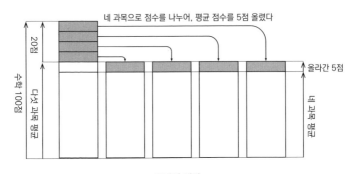

네 과목으로 점수를 나누어, 평균 점수를 5점 올렸다

20점

수학 100점

다섯 과목 평균

올라간 5점

네 과목 평균

유리의 생각
(수학 점수를 네 과목으로 나누어 5점씩 올린다)

나 아, 그런 방법이구나. 수학 점수에서 평균을 빼고 남은 점
　수를 네 과목으로 나누면 네 과목이 5점씩 올라서 전 과목
　의 점수가 일치한다는 말이구나. 확실히 이렇게 하니까 이
　해하기가 쉽네.

유리 헤헤.

나 나는 이렇게 풀었어. 수학을 제외한 네 과목의 평균 점수를
　x점이라고 하면, 네 과목의 합계는 4x점이야. 여기에 100점
　인 수학을 더하면 다섯 과목의 합계는 4x + 100점이지. 그런
　데 다섯 과목의 평균이 네 과목의 평균보다 5점이 올랐다고
　했으니 다섯 과목의 평균 점수는 x + 5점이 돼. 즉 다섯 과목
　의 총합을 5(x + 5)점이라고 말할 수 있지. 이 두 가지 방식

으로 다섯 과목의 총합을 생각하면,

$$4x + 100 = 5(x + 5)$$

라는 일차방정식이 세워져. 이 방정식을 풀면 x = 75점이

되는 거야. 다시 말해 네 과목의 평균 점수는 75점이고, 다

섯 과목의 평균 점수는 80점이라는 소리지.

유리 와, 오빠는 이걸 암산할 수 있어?

나 뭐, 이 정도쯤이야. 정리해서 다시 쓰면,

$$4x + 100 = 5(x + 5) \qquad \text{앞의 일차방정식}$$

$$4x + 100 = 5x + 25 \qquad \text{우변을 전개한다}$$

$$100 - 25 = 5x - 4x \qquad \text{이항한다}$$

$$x = 75 \qquad \text{계산하여 우변과 좌변을 바꾼다}$$

결과는 유리와 똑같이 나와.

유리 그렇구나…. 아니지! 아무렇지 않게 내 시험 점수를 알아

내다니! 너무해!

나 미안, 미안.

유리 나도 모르게 수학의 속임수에 걸려들었어!

나 이건 속임수도, 그 무엇도 아니야….

●●● **해답 1 (평균 점수 구하기)**

유리의 다섯 과목의 평균 점수는 80점이다.

유리 평균을 쉽게 보면 안 되겠구나….

나 평균은 **대푯값** 중에 하나야.

유리 대푯값?

2-2 대푯값

나 시험 점수뿐만이 아니라, **데이터**로 많은 수치를 다루고 싶은 경우가 종종 있어. 하지만 그 수가 너무 많으면 다루기가 어렵지. 그래서 '하나의 수'를 많은 수의 대표로 삼고 싶은 거야. 엄청나게 많은 수를 하나하나 알지 못해도, 대표하는 '하나의 수'만 알고 있으면 데이터에 대해 어느 정도 알 수 있지. 그 수를 **대푯값**이라고 불러. 평균은 대푯값의 한 종류야. '평균치'라고 말하기도 해.

유리 흐음.

나 방금 전 유리의 모든 과목 점수가 들킨 것은 아니잖아? 수학이 100점이라는 사실을 알고 있어도 다른 과목에 대해서는 알지 못해. 예를 들어 수학은 100점, 나머지 네 과목이 모두 75점이라면 다섯 과목의 평균 점수는 80점이지만, 실제 점수는 모르지.

유리 이번에는 사회가 발목을 잡았어.

나 하지만 평균 점수가 80점이라는 사실을 알면 성적의 모양을 어느 정도 알 수 있어. 다섯 과목의 평균 점수가 80점이면 다섯 과목의 합계가 400점이라는 사실도 알 수 있지.

유리 구체적인 점수는 말하지 않아도 돼!

나 이번 시험에서 유리는 수학을 100점 받았어. 100점은 유리의 다섯 과목의 점수 데이터 중에 **최댓값**이야. 최댓값도 대푯값의 한 종류지.

유리 아, 평균만 대푯값이 아니구나!

나 맞아. 대푯값은 종류가 매우 다양해. 최댓값과 마찬가지로 **최솟값**도 대푯값 중 하나야. 그래서, 발목을 잡았다는 사회는 몇 점 받았어?

유리 묵비권을 행사합니다. 너무 끈질기게 물으면 나 삐질 거야!

나 하하, 묵비권을 행사하다니. 그럼 이제 유리의 점수는 그만 추궁해야겠네.

유리 당연하지! 그런데 최댓값이 대푯값의 한 종류라니, 이해가 잘 안 가.

나 어떤 부분이?

유리 최댓값은 데이터 가운데 가장 큰 수를 말하는 거잖아. 그 외에 작은 수가 아무리 많이 있어도 최댓값은 변하지 않아. 그런데도 최댓값이 많은 수를 대표하는 값이라고 할 수 있어?

나 응, 최댓값과 최솟값도 대푯값의 한 종류야. 유리가 하고 싶은 말도 어떤 의미인지 이해가 가. 데이터 가운데 작은 값이 아무리 많이 존재해도 최댓값은 달라지지 않지. A반과 B반이라는 두 학급의 수학 점수를 비교할 때, A반에도, B반에도 100점을 받은 학생이 한 명이라도 있으면 두 학급의 최댓값은 100점으로 동일하니까.

유리 그러니까! 어쩌면 A반은 한 명만 100점이고 나머지는 모두 0점일지도 모르잖아. B반은 모두가 100점일 수도 있고. 그런데 두 학급의 최댓값이 모두 100점이라니! 이러한 흐름으로는 최댓값이 대푯값이라도 데이터를 전혀 대표하지 못하는걸.

나 확실히 'A반과 B반 중에 전체적으로 점수가 좋은 학급은 어느 반인가'라는 조사에서 최댓값을 사용하는 건 바람직하지 않아. 대푯값에는 여러 종류가 있기 때문에 어떤 상황에서 어떤 대푯값을 사용할지를 생각해야만 하는 거지. 그래서 데이터에 대해 무언가를 이야기하고 있는 사람이 있다면, 그가 '어떤 대푯값을 사용해 이야기하고 있는지'를 신경 써서 들어야 하는 거야.

유리 최댓값을 대푯값으로 사용하는 경우도 있어?

나 물론 있지. 시험이나 스포츠 경기에서는 '가장 큰 값'이 주목을 받아. 예를 들어 마라톤 선수의 과거 기록에서 가장 큰 값은 그 선수의 최고 실력을 나타내고 있기 때문이야. 개인의 최고 기록은 중요하잖아?

유리 아하! 그렇구나. 근데 오빠, 마라톤 선수의 경우에는 기록이니까 '최댓값'이 아니라 '최솟값'에 주목하는 거지?

나 아, 그렇지….

유리 평균, 최댓값, 최솟값. 이 세 가지만 대푯값이야?

나 아니, 다른 것도 있어. 예를 들면 **최빈값**이야.

유리 최빈값?

2-3 최빈값

나 최빈값에 대해 이야기하기 전에, 평균을 사용하면 곤란한 경우를 떠올려 보자. 평균은 많은 수치의 대푯값으로 자주 사용해. 하지만 평균만으로는 데이터를 잘 알 수 없는 경우도 있어. 예를 들어 아까 유리가 말한 것처럼 극단적인 예를 들어 볼게. 학생이 모두 10명이 있는데,

- 1명의 학생이 100점을 받았다.
- 나머지 9명의 학생은 전부 0점을 받았다.

라고 가정하자.

유리 단독 우승이다!

나 이 경우에 평균…, 그러니까 점수의 평균은 어떻게 될까?

유리 합계 점수는 한 명의 100점밖에 없고 학생은 총 10명이니까 $100 \div 10 = 10$으로 계산해서, 평균은 10점!

나 맞았어. 평균은 점수의 합계를 인원수로 나누니까 10점이되지. 이 평균의 **계산, 옳긴 하지만** 어딘가 이상하게 느껴지지 않아?

유리 '평균 10점'이란 말은 '대부분의 학생이 10점을 받았다' 라고 들려.

나 맞아, 그런 생각이 들지. 하지만 이 경우에 대부분의 학생은 0점을 받았어. 따라서 '평균이 10점이니까 대부분의 학생이 10점을 받았다'라는 **해석은 옳지 않아.**

유리 옳긴 하지만 옳지 않다니? 이상해!

나 다시 말해서…,

- 평균을 어떻게 계산하는가?
- 평균을 어떻게 해석하는가?

이 두 가지가 다르기 때문이야. 평균의 계산이 올바르다고 하더라도 계산한 평균의 해석은 올바르지 않은 경우가 있어.

유리 '대부분의 학생이 10점을 받았다'라는 해석이 올바르지 않다는 의미야?

나 그렇지. '평균이 10점'이라고 해서 '대부분의 학생이 10점을 받았다'라고 말할 수는 없으니까.

유리 하지만 10명 중에 9명이 0점이라고 해서, '이 경우엔 평균을 0점으로 바꿔야지!'라고 할 수는 없잖아!

나 당연하지. 평균의 계산 방법을 마음대로 바꿀 수 없어.

유리 그렇구나. 그럼 평균이 아니라 최솟값을 사용하면 될까? '최솟값이 0점이니까 0점을 받은 학생이 있다'라는 해석은 괜찮지?

나 그것도 맞는 말이야. 하지만 '단독 우승'의 데이터를 보고 우리가 느꼈던 '0점을 받은 사람이 많다'라는 감각은 최솟값으로 표현할 수 없어.

유리 그건…, 그렇지.

나 이렇게 평균으로는 데이터의 모양을 잘 표현할 수 없는 경우가 있어. 이런 경우 때문에 다른 대푯값이 존재하는 거야. 그중 하나가 **최빈값**이지. 최빈값의 '빈(頻)'은 '빈번하다'의 '빈'과 같은 한자야. 방금 전 예시에서 100점인 학생은 1명이고 0점인 학생은 9명이었지? 인원이 가장 많은 9명이 0점을 받았어. 이 경우, '최빈값은 0점'이라고 말할 수 있어.

유리 그렇구나! '최빈값이 0점'이라고 하면 '0점을 받은 학생이 가장 많다'라고 말할 수 있는 거네.

나 바로 그렇지. 그건 올바른 해석이야. 지금까지 최댓값, 최솟값, 평균, 최빈값이라는 대푯값이 등장했어.

유리 이게 끝이야?

나 아니, 더 다양한 대푯값이 존재하지. 예를 들어 중앙값도 있어.

2-4 중앙값

나 10명의 학생이 10점 만점인 시험을 본 결과, 아래의 표와 같은 값을 얻었다고 가정하자.

점수	0	1	2	3	4	5	6	7	8	9	10
인원수	1	2	2	1	3	0	0	0	0	0	1

유리 최댓값인 10점을 받은 한 명이 혼자서 빛나고 있네.

나 최댓값은 10점, 최솟값은 0점이야. 그럼 평균은 어떻게 될
까?

유리 음…, 그러니까. 모든 학생의 합계 점수를 계산해서 인원
수로 나누는 거니까, 먼저 '점수×인원수'를 구하면…,

점수	0	1	2	3	4	5	6	7	8	9	10
인원수	1	2	2	1	3	0	0	0	0	0	1
점수×인원수	0	2	4	3	12	0	0	0	0	0	10

이제 '점수×인원수'를 전부 더해서 10으로 나누는 거지?
(2 + 4 + 3 + 12 + 10) ÷ 10 = 31 ÷ 10 = 3.1이니까 평균은
3.1점!

나 그렇게 풀면 돼. 그래서 평균은 3.1점이야. 그리고 최빈값은
4가 되지. 인원수가 가장 많은 점수는 4점이니까.

점수	0	1	2	3	4	5	6	7	8	9	10
인원수	1	2	2	1	3	0	0	0	0	0	1

유리 그리고?

나 이 데이터를 보면 딱 한 명, 눈에 띄는 높은 점수의 학생이
   있어. 그리고 그가 평균을 높이고 있지.

유리 근데 그건 당연한 이야기잖아?

나 그렇지. 이렇게 눈에 띄게 튀는 값을 **이상점**(outlier)이라고 부
   르는데, 때에 따라서 이런 이상점의 영향을 받지 않는 대푯
   값이 필요한 경우가 있어. 그게 바로 **중앙값**이야.

유리 중앙…. 한가운데에 있는 값?

나 그렇지. 점수순으로 학생을 한 줄로 쭉 나열해. 그럼 한가
   운데에 있는 학생의 점수가 중앙값이 되는 거야. 다시 말하
   면 그 점수 이상의 학생 수와 이하의 학생 수가 같아지도록
   만드는 값이 바로 중앙값이야. 아, 동점자가 있으면 같아지
   지 않겠지만.

유리 흐음….

나 왜? 어디가 이상해?

유리 오빠가 '예시는 이해의 시금석'이라고 자주 말했으니까,

아까의 데이터에서 중앙값을 구해보려고 하는데…. 여기에서는 학생 수가 짝수인 10명이라 한가운데에 사람이 없어.

나 아, 인원이 짝수일 때는 중앙을 가르는 두 명의 평균을 중앙값으로 하기로 정해져 있어.

유리 그렇구나! 그럼 이 데이터의 중앙값은 위에서 5번째와 아래에서 5번째 학생의 평균인 거네?

나 그렇지.

유리 위에서 5번째 학생은 3점, 아래에서 5번째 학생은 2점이니까 평균을 계산하면 2.5점. 중앙값은 2.5점이야!

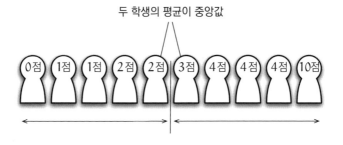

두 학생의 평균이 중앙값

나 그렇습니다, 정답!

여러 가지 대푯값

점수	0	1	2	3	4	5	6	7	8	9	10
인원수	1	2	2	1	3	0	0	0	0	0	1

최댓값 10점   (가장 큰 값은 10점)

최솟값 0점   (가장 작은 값은 0점)

평균 3.1점   (합계 점수를 인원수로 나누면 3.1점)

최빈값 4점   (가장 많은 학생이 받은 점수는 4점)

중앙값 2.5점 (점수순으로 나열하여 중앙에 온 학생의 점
                          수. 짝수 인원이므로 중앙값은 중앙의 두 학
                          생의 평균인 2.5점)

유리 있지, 오빠. 어느 정도 이해는 했는데, 대푯값이 이렇게 많
    으면 어떤 것으로 생각하면 좋을지 너무 복잡하지 않아?

나 하하하, 맞네. '대푯값의 대푯값'이 필요해질지도 모르겠다.

유리 평균은 알아, 자주 사용하니까. 최댓값과 최솟값도 이해
    했어. 최빈값은 가장 많은 값이니까 그것도 알겠어. 그런데
    중앙값은 잘 이해가 가지 않아.

나 음, 그렇구나. 중앙값은 쉽게 이해할 수 있지 않아? 그냥 점

수를 순서대로 나열해서….

유리 평균이랑 최빈값이 있으면 중앙값은 없어도 되잖아!

나 그렇지 않아. 중앙값은 뉴스에서도 자주 등장해. 연봉이나 자산 등을 생각할 때 매우 중요한 값이야.

유리 흐음.

나 중앙값은 데이터 중에 '이상점'이 있어도 영향을 받지 않아. 그래서 범접할 수 없는 엄청난 부자가 있어도 중앙값은 영향을 받지 않는 거지.

유리 아, 그렇구나…. 그래도 대부분의 사람이 부자라면 중앙값도 영향을 받지 않을까?

나 대부분의 사람이 부자라면 부자는 더 이상 '이상점'이 아니지.

유리 아하!

나 물론 대푯값은 단 하나의 숫자로 데이터 전체의 모양을 파악하려고 하기 때문에 아무래도 무리는 있어.

유리 무리?

나 다시 말해 하나의 대푯값으로 데이터 전체를 모두 알 수 없다는 말이야.

유리 그럼 도대체 왜 일부러 하나의 숫자로 나타내야만 하는 거야? 데이터의 모양은 **그래프**를 그리면 알 수 있는 거 아니야?

나 물론 그래프는 중요해. 그래도 대푯값을 구해 두면 편리한 점도 많아. 예를 들어 매년 변하는 데이터가 종종 있어. 그때 대푯값이 역할을 하는 거야.

유리 그렇구나! 많은 수를 하나의 숫자로 정리해 두면, 그 변화를 쉽게 파악할 수 있다는 말이지? 평균의 그래프를 그리는 것처럼!

나 그렇지. 그것 또한 데이터를 보는 방법이라고 할 수 있어.

유리 어라? …그런데 갑자기 이해가 안 가. 그래프에서 평균의 위치는 어디야?

2-5 히스토그램

나 '평균의 위치는 어디'냐니, 그게 무슨 말이야?

유리 이 데이터를 그래프로 그리려고 하는 거잖아?

점수	0	1	2	3	4	5	6	7	8	9	10
인원수	1	2	2	1	3	0	0	0	0	0	1

나 응, 히스토그램이야. 이런 식으로.

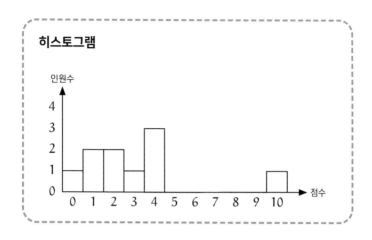

히스토그램

인원수

점수

유리 그래, 이거! 오빠가 말한 대푯값은 모두 그래프로 알 수 있잖아?

나 그래프로 알 수 있다고?

유리 예를 들어 최솟값과 최댓값은 여기!

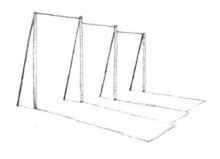

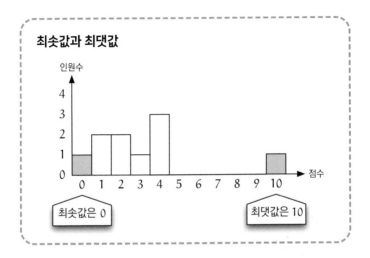

나 아, 그 말이구나!

유리 그리고 최빈값은 인원수가 가장 많은 점수지?

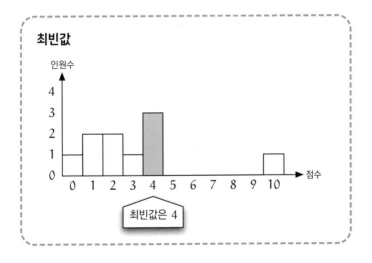

나 그렇지. 그리고 중앙값은….

유리 중앙값은 **정확하게 좌우의 면적이 같아지는 곳!**

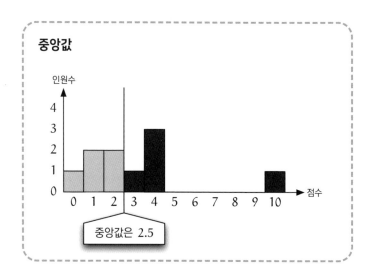

나 맞아, 맞아! 잘 이해했구나!

유리 중앙값은 2.5잖아. 정확하게 2.5보다 왼쪽에 5명, 또 오른쪽에 5명이 있어!

나 바로 그거야. 중앙값을 중심으로 히스토그램을 좌우로 나누면 좌우의 면적이 정확하게 같아져. 동점자가 있으면 그렇지 않은 경우도 있지만 말이야.

유리 그건 그렇고, 그럼 **평균은 그래프의 어느 곳에** 그려지는 거야? 가장 잘 알고 있다고 생각한 평균을 잘 모르겠어.

나 그런 의미였구나. 이 경우에는 평균이 3.1이니까 선은 여기에 그릴 수 있어. 평균은 중앙값보다 오른쪽에 있지. 이건 10점을 받은 한 명이 평균 점수를 끌어당긴 거야.

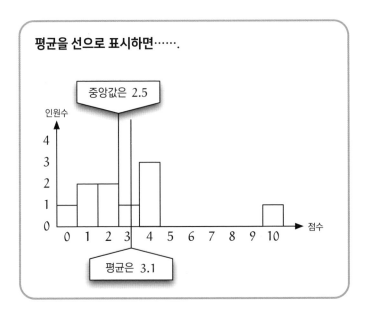

평균을 선으로 표시하면……

유리 아니, 평균이 거기라는 사실은 알고 있어. 그게 아니라, 뭐랄까….

나 이 데이터에서의 중앙값은 '히스토그램의 면적을 정확히 이등분하는 곳'이라고 표현할 수 있는데, 평균이 중앙값처럼 히스토그램의 어떤 위치가 되는지 궁금하다는 말이지?

유리 맞아! 어떤 의미가 있는 거야?

나 이건 정말 쉽지 않은 문제인데.

유리 오호? 오빠도 잘 모르겠어?

나 아니, 나는 알지.

유리 그럼 얼른 알려줘!

나 자, 그럼 이쯤에서 문제 나갑니다.

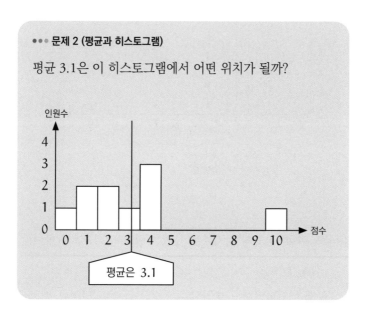

●●● 문제 2 (평균과 히스토그램)

평균 3.1은 이 히스토그램에서 어떤 위치가 될까?

유리 문제 형식으로 만들지 않아도 괜찮은데!

나 평균을 계산하는 방법을 떠올리면 돼.

유리 평균은 곱하고 나누었어.

나 …무엇과 무엇을 곱하고, 무엇으로 나누었지?

유리 점수와 인원수를 곱해서 모두 더하고, 인원수의 합계로
나누었지.

$$\frac{0 \times \langle 0점\ 인원수 \rangle + 1 \times \langle 1점\ 인원수 \rangle + \cdots + 10 \times \langle 10점\ 인원수 \rangle}{전체\ 인원수}$$

나 그렇지. 다시 말해 각 점수에 '그 점수를 받은 학생의 수'라
는 '무게'를 달았다고 할 수 있어.

유리 무게라…. 알았다! 균형을 잡는 곳이구나!

나 정답! 히스토그램의 높이만큼 '무게'가 있다고 생각했을 때,
평균은 정확히 가로축의 **중심**이 되는 거지.

●●● **해답 2 (평균과 히스토그램)**

평균의 위치는 가로축의 중심이 된다.

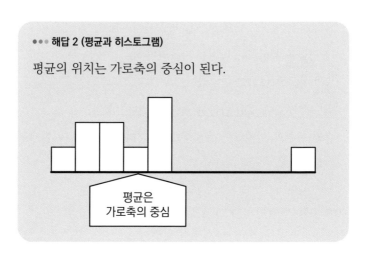

유리 아하! 그렇다면 이해했어. 10점 학생은 멀리 떨어져 있으
니까 한 명밖에 없어도 효과가 있는 거구나.

나 그렇지. 10점을 받은 학생은 이상점이지만, 평균에는 큰 영
향을 미쳐. 그래서 이상점이 있는 경우에는 평균뿐만이 아
니라 중앙값도 확인하는 것이 좋아. 그렇지 않으면 데이터의
전체적인 모양을 착각할지도 모르니까 말이야.

유리 그렇구나….

나 그러니까 대푯값에는 각각의 쓰임새가 있는 거야.

유리 엇, 하지만 최빈값은 언제 사용하지? 왜냐하면 가장 많은
    부분이 최빈값이잖아. 그렇다면 조사할 가치가 있는 거니까.

나 조사할 가치는 있지만 대푯값으로서 적절하지 않은 경우
    도 있어.

유리 엇? 정말?

나 자, 그럼 다시 퀴즈를 낼게!

●●● 퀴즈

최빈값이 대푯값으로서 부적절한 경우는 언제일까?

유리 최빈값이 부적절한 경우라니, 떠오르지 않네….

나 그래?

유리 …바보 같은 대답이 떠올라. 예를 들어 모두 동점인 경우!
    모든 사람이 동점이라면 최빈값은 정해지지 않아!

나 아니야, 점수가 모두 같아도 최빈값은 존재해. 그 점수가 바
    로 최빈값이야. 유리가 하고 싶은 말은 '모든 점수에서 인원

수가 같은 경우' 아니야?

유리 아, 그거야!

나 모든 점수에서 동일한 인원수…, 즉 **균등분포**(Uniform Distribution)인 경우에는 최빈값이 존재하지 않아.

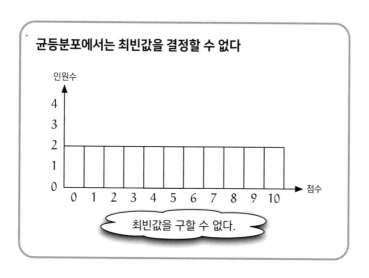

유리 이게 답이야?

나 그뿐만이 아니야. 히스토그램이 이런 모양이 되는 경우에도 최빈값은 정해지지 않아.

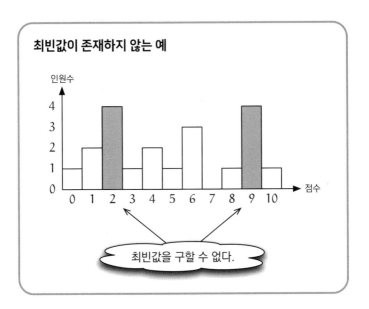

최빈값이 존재하지 않는 예

유리 그렇구나.

나 만약 인원수가 완전히 똑같지 않으면 최빈값을 구할 수는 있지만, 그 경우에도 차이가 작으면 크게 의미는 없어. 왜냐하면 아주 조금으로도 최빈값은 크게 변하기 때문이야. 최빈값은 **확실한 하나의 산이 있을 때**, 대푯값으로서 의미가 있는 거지.

유리 그렇구나. …흐음. '대푯값 공격법'이 떠올랐어!

나 그게 뭐야?

유리 잘 봐, 지금 오빠는 '최빈값이 대푯값으로서 의미가 없는
경우'를 말했지?

나 그렇지.

유리 그건 최빈값을 '공격'했었던 거야. 그래서 나는 '모든 대푯
값이 의미가 없는 경우'를 찾기로 했어! 짜잔!

나 아니, '짜잔!'이 아니야. 평균은 언제나 계산할 수 있잖아.

유리 평균은 언제나 계산할 수 있어도, 큰 이상점이 존재하면
평균만으로는 충분하지 않으니까 중앙값을 계산해야 한다
고 말했잖아.

나 그렇게 말했지…?

유리 그래서 내가 생각한 대푯값 공격법은 이거야! 짜잔!

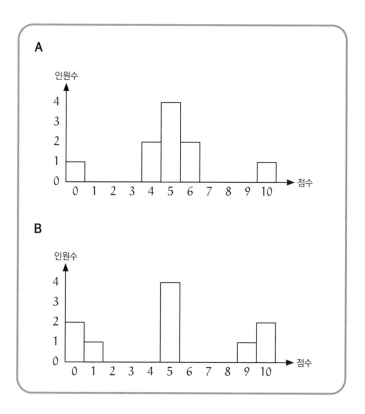

나 오호?

유리 어때? **A와 B는 '최댓값, 최솟값, 평균, 최빈값, 중앙값', 어떤
값을 사용해도 구별할 수 없어!** 하지만 A와 B는 같다고 말할 수
없잖아. 그럼 이런 공격에 대푯값은 어떻게 반격할까?

나 유리는 무언가와 경쟁하고 있구나?

유리 오빠랑!

나 분명 A와 B는 모두

- 최댓값 10점
- 최솟값 0점
- 평균 5점
- 최빈값 5점
- 중앙값 5점

이 되지. A와 B는 다섯 가지 대푯값이 모두 일치해. 그런데,
유리야. 대푯값은 하나의 숫자에 불과하기 때문에 항상 분
포를 구별할 수 있는 건 아니야. …아, 이 경우에는 그걸 사
용할 수 있겠군.

유리 그거?

나 이런 식으로 반격해 보자. 이제 대푯값이라는 표현 말고, 통
계량이라는 단어로 말할게.

●●● **문제 3 (통계량 생각하기)**

아래의 A와 B를 구별할 수 있는 통계량을 만들어 보자.

A

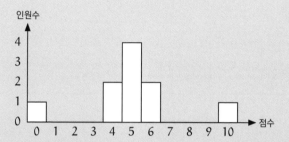

B

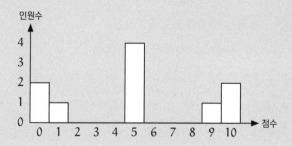

A

점수	0	1	2	3	4	5	6	7	8	9	10
인원수	1	0	0	0	2	4	2	0	0	0	1

B

점수	0	1	2	3	4	5	6	7	8	9	10
인원수	2	1	0	0	0	4	0	0	0	1	2

유리 문제로 만들지 마! 오빠는 누구랑 싸우고 있는 거야?!

나 누구와도 경쟁하고 있지 않아.

유리 내가 일부러 구별할 수 없는 데이터를 고민했는데, A와 B
를 구별하는 통계량을 만들라고?

나 응. 그런 통계량을 떠올릴 수 있겠어?

유리 A나 B는 모두 딱 중앙에서 균형이 되도록 만들어졌기 때
문에 평균은 동일해. 또 한가운데에 산을 만들고 있으니까
최빈값도 같지. 심지어 좌우 대칭이라 중앙값도 같아. 최솟
값과 최댓값도 같아지도록 0점과 10점에 배치했는데 이걸
어떻게 구별하지….

나 괜찮아. 유리라면 할 수 있어!

유리 B는 양 끝이 '무겁게' 되어 있으니 그걸 어떻게 하는 건
가?

나 오호, 좋은 접근이야.

유리 흐음, 힌트는 없을까나…(힐끔).

나 그럼 힌트! '평균에서 얼마나 떨어져 있는지'를 생각해 봐.

유리 앗! …그건 이미 대답했는데? 평균 점수보다 초과한 점수
만큼을 더하는 거지?

나 데이터에 포함되어 있는 하나하나의 수치에서 평균을 뺀 값
을 각 수치의 **편차**라고 해.

유리 표차?

나 아니, 표차가 아니라 편차. 방금 유리가 한 '평균 점수보
다 초과한 점수만큼을 더한다'라는 말은 '편차를 더한다'라
는 거지?

유리 음, 아마도. 아, 물론 '인원수'라는 무게를 달아야겠지만.

나 그럼 실제로 계산을 해보자!

유리 A와 B는 모두 평균이 5니까, 5를 빼면 돼!

유리 오, A는 딱 0이 되네.

나 ….

유리 다음은 B를 계산할게.

B에서 편차 구하기

편차 = 점수 − 평균

점수	0	1	2	3	4	5	6	7	8	9	10
편차	−5	−4	−3	−2	−1	0	1	2	3	4	5
인원수	2	1	0	0	0	4	0	0	0	1	2
편차 × 인원수	−10	−4	0	0	0	0	0	0	0	4	10

합계를 구한다.

$$-10 + (-4) + 4 + 10 = 0$$

유리 어라. 둘 다 편차의 합이 0이네? 그럼 A와 B를 구별할
수 없어!

나 편차의 합은 모든 데이터에서 반드시 0이 돼.

유리 응? 반드시?

나 응, 반드시. 예를 들어 a, b, c라는 수치로 만들어진 데이터
가 있다고 하자. 그 평균을 m이라고 하면,

$$m = \frac{a+b+c}{3}$$

이지?

유리 응.

나 그리고 편차는 a − m, b − m, c − m이야. 그럼 합은 어떻게 될까?

유리 '(a − m) + (b − m) + (c − m)'이니까…,

$$(a-m)+(b-m)+(c-m) \quad \text{편차의 합}$$

$$= a+b+c-3m \quad \text{괄호를 벗긴다}$$

$$= a+b+c-3 \times \frac{a+b+c}{3} \quad m = \frac{a+b+c}{3} \text{ 이다}$$

$$= a+b+c-(a+b+c)$$

$$= 0$$

…그렇구나. 정말 0이 되네!

나 맞아. 지금은 수치 3개로 시도했지만, n개일 경우에도 마찬가지야. '편차의 합'은 언제나 0이기 때문에 A와 B를 구별할 수 없어.

유리 그렇구나…. 아! 양수와 음수가 모두 존재하니까 안 되는 거구나! 그럼 **편차의 절댓값**을 계산하면 되겠네?

나 오, 똑똑한데? 그럼 한번 계산해 봐.

유리 계산은 간단하지!

A에서 편차의 절댓값 구하기

점수	0	1	2	3	4	5	6	7	8	9	10
편차의 절댓값	5	4	3	2	1	0	1	2	3	4	5
인원수	1	0	0	0	2	4	2	0	0	0	1
편차의 절댓값 × 인원수	5	0	0	0	2	0	2	0	0	0	5

합계를 구한다.

$$5 + 2 + 2 + 5 = 14$$

B에서 편차의 절댓값 구하기

점수	0	1	2	3	4	5	6	7	8	9	10
편차의 절댓값	5	4	3	2	1	0	1	2	3	4	5
인원수	2	1	0	0	0	4	0	0	0	1	2
편차의 절댓값 × 인원수	10	4	0	0	0	0	0	0	0	4	10

합계를 구한다.

$$10 + 4 + 4 + 10 = 28$$

유리 완성! '편차의 절댓값×인원수'가 A는 14, B는 28이 되니까 이제 구별할 수 있어!

●●● 유리의 해답 3 (통계량 생각하기)

A와 B를 구별하는 통계량으로 '편차의 절댓값'의 합을 생각한다.

A는 14, B는 28이 되기 때문에 A와 B를 확실하게 구별할 수 있다.

나 대단해! 성공했구나!

유리 엄청나지?

나 유리는 '편차의 절댓값의 합'을 떠올렸어. 그렇게 A와 B를 구별할 수 있지. 그런데 '편차의 절댓값' 대신에 '편차의 제곱'을 생각할 수도 있어.

유리 편차의 제곱?

나 제곱하면 음수도 양수가 되기 때문이야. 게다가 합계가 아니라 인원수로 나누어 평균을 구해도 돼. 그러면 A와 B의 인원수가 다른 경우에도 쉽게 비교할 수 있어. 편차를 제곱하여 그 평균을 구한다. 즉 **'편차 제곱의 평균'**을 구하는 거야.

A에서 '편차 제곱의 평균' 구하기

점수	0	1	2	3	4	5	6	7	8	9	10
(편차)²	25	16	9	4	1	0	1	4	9	16	25
인원수	1	0	0	0	2	4	2	0	0	0	1
(편차)²×인원수	25	0	0	0	2	0	2	0	0	0	25

$$\text{편차 제곱의 평균} = \frac{25+2+2+25}{10} = 5.4$$

B에서 '편차 제곱의 평균' 구하기

점수	0	1	2	3	4	5	6	7	8	9	10
(편차)²	25	16	9	4	1	0	1	4	9	16	25
인원수	2	1	0	0	0	4	0	0	0	1	2
(편차)²×인원수	50	16	0	0	0	0	0	0	0	16	50

$$\text{편차 제곱의 평균} = \frac{50+16+16+50}{10} = 13.2$$

유리 ….

나 이 '편차 제곱의 평균'을 **분산**이라고 불러.

유리 분산?

나 응. 분산은 데이터가 '얼마나 흩어져 있는지'를 나타내는 통
계량이야. A의 분산이 5.4, B의 분산이 13.2로 B의 분산이
더 크니까 B가 '더 많이 흩어져 있다'라는 의미지.

●●● 나의 해답 3 (통계량 생각하기)

A와 B를 구별하는 통계량으로 '편차 제곱의 평균'을 생각
한다.

A는 5.4, B는 13.2이기 때문에 확실히 구별할 수 있다.

이 통계량을 분산이라고 한다.

2-8 분산

유리 ….

나 이해가 잘 안 돼?

유리 …있지, 오빠. '평균'과 '편차 제곱의 평균'은 다른 거지?

나 응, 물론이지. '평균'은 한 사람 한 사람의 점수를 모두 더해
서 인원수로 나눈 값이고, '편차 제곱의 평균'은 한 사람 한

사람의 편차의 제곱을 더해서 인원수로 나눈 값이야. 유리는 왜 고민하고 있어?

유리 음, 아까와 같은 의문이야. **'분산'을 히스토그램의 어느 위치에 나타낼 수 있을까?**

나 아하….

유리 잠깐! 지금 생각하는 중이야.

나는 골똘히 생각하는 유리를 잠시 기다렸다.

생각하는 유리의 갈색 머리카락이 금빛으로 빛나는 것처럼 보였다.

나 ….

유리 그만두면 되는구나!

나 항복?

유리 아니! 원래의 히스토그램에서는 그만 생각하고, '편차 제곱의 히스토그램'을 새로 만들면 되는 거야!

나 오호!

유리 그럼 '분산'은 중심이 될 테니까!

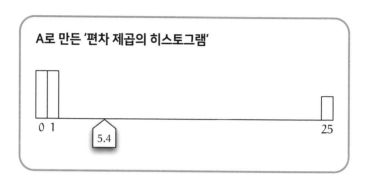

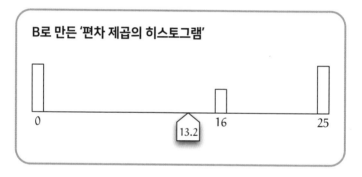

나 분산이 '편차 제곱'에서의 중심이 된다는 거구나. 재미있
는 발상이네!

"그렇게 많은 숫자를 통해 무엇을 말할 수 있을까?"

110

제2장의 문제

● ● ● **문제 2-1 (대푯값)**

10명의 학생이 10점 만점인 시험을 보고 아래와 같은 점수를 얻었다.

수험번호	1	2	3	4	5	6	7	8	9	10
점수	5	7	5	4	3	10	6	6	5	7

점수의 최댓값, 최솟값, 평균, 최빈값, 중앙값을 각각 구하시오.

(해답은 306쪽에)

아래의 문장에서 이상한 부분을 지적하시오.

① 시험의 학년 평균은 62점이다. 즉 62점을 받은 학생이 가장 많다.

② 시험의 학년 최고 점수는 98점이다. 즉 98점을 받은 사람은 한 명이다.

③ 시험의 학년 평균은 62점이다. 즉 62점보다 점수가 높은 사람과 낮은 사람의 수는 같다.

④ '기말 시험에서는 학년의 모든 학생이 학년 평균을 넘어야만 한다'라는 말을 들었다.

(해답은 307쪽에)

●●● 문제 2-3 (수치의 추가)

시험을 실시하여 학생 100명의 평균 점수 m_0를 계산했다. 계산 후 101번째 학생의 점수 x_{101}을 m_0의 계산에서 빠뜨렸다는 사실을 깨달았다. 처음부터 다시 계산하기는 어려우므로 이미 계산한 평균 점수 m_0와 101번째 학생의 점수 x_{101}을 사용하여

$$m_1 = \frac{m_0 + x_{101}}{2}$$

을 새로운 평균 점수라고 했다. 이는 올바른 계산일까?

(해답은 310쪽에)

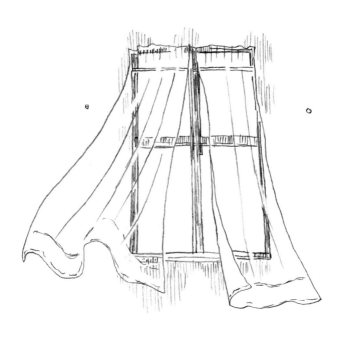

제3장

놀라운 표준점수

"사람은 '흔치 않은 일'이 발생하면 깜짝 놀란다."

여기는 고등학교 도서관. 지금은 방과 후. 나는 후배 테트라와
대화하고 있다.

나 분산은 편차 제곱의 평균. 그러니까 분산은 수치를 제곱한
　데이터의 중심이라는 이야기를 유리와 나눴어.

테트라 항상 생각하는 거지만, 유리의 발상은 참 대단한 것 같
　아요. 분산에 대해 듣고 그렇게까지 생각을 확장하다니….

테트라는 그렇게 말하며 여러 번 고개를 끄덕였다.

나 확실히 그렇다고 할 수 있지. 유리는 금방 귀찮아지고 싫증
　나니까, 바로 생각해서 빨리 이해하고 싶은 거야.

테트라 있죠…, 선배. 저, 유리의 이야기를 들으니까 왠지 불
　안해요.

나 불안하다니?

테트라 제가 정말 분산에 대해 이해하고 있는지 잘 모르겠어요.

나 그렇구나. 간단히 말해서 분산은 '흩어진 정도'를 의미해.
　분산이 클수록 시험 점수 등 데이터의 수치가 넓은 범위에

흩어져 있다는 말이지.

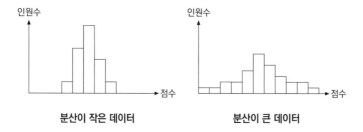

분산이 작은 데이터   분산이 큰 데이터

테트라 아, 아니요. 저도 분산이 '흩어진 정도'라는 것은 어느
정도 알고 있어요. 분산의 정의도 알고 계산도 할 수 있고
요…, 아마도. 하지만 제가 불안한 이유는, 분산의 진짜 의
미에 대해서는 역시 이해하고 있지 못한 느낌이 들기 때문
이에요.

나 그렇구나. 나는 '흩어진 정도'를 나타낸다는 설명으로 분산
을 그냥 받아들였는데.

테트라 저는 머리가 좋지 않아서 한번에 이해하거나 바로 받아
들이는 것이 어려워요….

나 아니, 나는 그렇게 생각하지 않아. 자신이 **스스로 이해할 수
없는 부분에는 무언가 중요한 것이 숨겨져 있는 거야.** 특히 수학
에서는 완벽하게 이해하기 위해 시간을 들여 생각하는 과정

이 필요하다고 생각해. 그리고 테트라는 그런 사고방식을 굉장히 잘하고 있고.

테트라 네?

나 테트라는 '내가 알지 못하는 부분은 어디인지', 또 '나는 지금 무엇을 생각하고 있고 어디에 몰두해 있는지'를 굉장히 잘 표현하잖아. 그건 잘 이해하고 있는지, 못하는지를 스스로 객관적으로 바라보고 있다는 소리야. 유리는 그걸 아직 잘하지 못하는 것 같거든. 유리와 얘기를 하다 보면 유리가 무엇을 말하고 싶은지 알기 어려운 경우도 가끔 있어.

테트라 저는 저에 대해 그렇게 객관적으로 본다고 생각하지 않았는데…. 하지만 제대로 이해하고 싶고, 확실하게 알고 싶다고는 생각하고 있어요.

나 분산도 그렇고.

테트라 네! 맞아요!

테트라는 그렇게 말하며 두 손을 불끈 쥔 채, 고개를 크게 끄덕였다.

나 나는 평균이나 분산에 대한 수식을 보고 그냥 '그렇구나'라고 생각했어. 예를 들어 평균은 이런 식으로 나타낼 수 있어.

평균

n개의 **수치**가 있다고 가정하자. 이 n개의 수치를 모은 것은 **데이터**라고 부른다. 데이터에 포함된 n개의 수치를

$$x_1, x_2, \cdots, x_n$$

으로 나타내기로 한다. 이때

$$\frac{x_1 + x_2 + \cdots + x_n}{n}$$

을 이 데이터의 **평균**이라고 부른다.

테트라 네, 이건 알아요. 그리고 그렇게 불안하지도 않고요.

나 그리고 분산은 이렇지.

분산

데이터 x_1, x_2, $\cdots$, x_n의 평균을 μ(뮤)라고 나타내기로 하자.

수치 x_1과 평균 μ의 차, 즉

$$x_1 - \mu$$

를 x_1의 **편차**라고 부른다. x_1의 편차와 마찬가지로 x_2의 편차, x_3의 편차 등을 각각 생각할 수 있다.

x_1, x_2, $\cdots$, x_n의 편차를 각각 제곱한 값의 평균을 **분산**이라고 부른다. 즉 분산은

$$\frac{(x_1 - \mu)^2 + (x_2 - \mu)^2 + \cdots + (x_n - \mu)^2}{n}$$

이다.

테트라 네, 이건 분산의 정의예요….

나 응, 맞아. 마음에 걸리는 부분이 있니?

테트라 음, 그러니까 분산이라는 것은 하나의 수잖아요.

나 맞아, 데이터로 계산할 수 있는 하나의 수야. 주어진 데이터에 포함된 수치를 이용해 계산하면 분산을 구할 수 있어. 평균과 마찬가지로 분산도 하나의 수야. 다시 말해 분산은 '흩

어진 정도'를 나타내는 하나의 수인 거지.

테트라 아무래도 저는 '흩어져 있다'라는 단어가 마음에 걸려요. '흩어져 있다'라는 표현을 들으면 수가 많이 있는 모습을 상상해버리거든요. 수가 오직 하나밖에 없으면 흩어질 방법이 없으니까요.

나 그런 상상은 전혀 이상하지 않아. 실제로 데이터에 하나의 수치만 있다면 분산은 무조건 0이 되어버리고 말지.

테트라 하지만 분산은 하나의 수잖아요. 하나의 수인데 '흩어진 정도'라는 말이 약간….

나 아, 그 부분이 찝찝했던 거야? 그건 단순한 착각일지도 몰라. 데이터는 많은 수치를 포함하고 있어. x_1, x_2, …, x_n처럼 말이지. 그래서 하나하나의 수치는 평균과 일치하거나, 혹은 일치하지 않지. 평균으로부터 '벗어나' 있는 거야.

테트라 네, 이해했어요.

나 평균으로부터 '벗어난 정도'를 나타내는 것이 바로 **편차**야. 예를 들어 평균을 μ이라고 했을 때, 수치 x_1의 편차는 $x_1 - \mu$로 나타내. 편차는 양수도 있고, 음수나 0도 있어. 하지만 편차를 제곱하면 그 값은 반드시 0 이상이 되지.

테트라 아, 그렇군요. 그럼 혹시 편차는 매우 많이 존재하나요? 그렇다면 편차의 흩어짐이…, 어라?

나 침착해, 테트라. 데이터에 n개의 수치가 있으면 편차도 n개가 있어. 그리고 편차의 제곱도 n개가 존재하지. 수치, 편차, 그리고 편차의 제곱은 모두 개수가 같아.

	수치	편차	편차의 제곱
1	x_1	$x_1 - \mu$	$(x_1 - \mu)^2$
2	x_2	$x_2 - \mu$	$(x_2 - \mu)^2$
3	x_3	$x_3 - \mu$	$(x_3 - \mu)^2$
$\vdots$	$\vdots$	$\vdots$	$\vdots$
n	x_n	$x_n - \mu$	$(x_n - \mu)^2$

수치, 편차, 편차의 제곱은 모두 개수가 같다.

테트라 ….

나 '편차의 제곱'은 수치마다 평균으로부터 '벗어난' 크기를 나타내고 있어. '편차의 제곱'은 n개이기 때문에 n이 커질수록 개수가 많아져 다루기 어려워. 여기가 중요한데, 그렇기 때문에 '편차의 제곱'의 **평균**을 구하고 싶은 마음이 드는 거야. 많은 '편차의 제곱'을 평평하게 다진 거지. 평평하게 만들면 어느 정도가 되는지, 그걸 생각하는 거야. '편차의 제곱'을 평평하게 만든 결과가 '분산'인 거지.

테트라 아….

나 많이 존재하는 '편차의 제곱' 자체에 대한 것이 아니라, '편차의 제곱'의 평균을 생각하는 거야. 그게 바로 '분산'이지. 테트라가 방금 말했듯이 분산은 하나의 숫자에 불과해. 하지만 분산을 알고 있으면, 지금 주목하고 있는 데이터에서 '편차의 제곱'의 크기가 평균적으로 어느 정도인지 알 수 있어. 분산이라는 하나의 숫자로 '흩어진 정도'를 알 수 있다는 말은 그런 의미야.

테트라 아, 이해했어요! 선배의 설명을 들으니 제가 어떤 오해를 하고 있었는지 깨달았어요. 저는 흩어져 있는 그 자체를 보지 않으면 '흩어진 정도'는 알 수 없다고 생각했던 거예요. '분산은 하나의 숫자니까 흩어질 수 없는데, 어떻게 흩어져 있다는 것을 알 수 있지?' 이렇게 생각했어요. 저는 '편차의 제곱'이 많으면 다루기 어렵다는 점을 미처 알지 못한 거예요.

나 응응.

테트라 분산은 '편차 제곱'의 평균인 거죠?

나 그렇지. 개수가 많으면 다루기 어렵기 때문에 대푯값을 취하는 거야. 그리고 대푯값으로 평균을 선택했지. 한마디로 분산은 '편차 제곱의 평균'이라고 할 수 있어. 수식으로 나타내면 더 잘 이해가 갈 거야.

평균은 많은 '수치'를 평평하게 다진 수

$$x_1, x_2, \cdots, x_n \qquad \text{수치}$$

$$\frac{x_1 + x_2 + \cdots + x_n}{n} \qquad \text{평균}$$

분산은 많은 '편차의 제곱'을 평평하게 다진 수

$$(x_1 - \mu)^2, (x_2 - \mu)^2, \cdots, (x_n - \mu)^2 \qquad \text{편차의 제곱}$$

$$\frac{(x_1 - \mu)^2 + (x_2 - \mu)^2 + \cdots + (x_n - \mu)^2}{n} \qquad \text{분산}$$

테트라 그렇군요! …이해하고 나니 너무 당연한 말이라 조금 민망하네요.

나 스스로 완벽하게 받아들일 때까지 계속 고민하는 것은 매우 중요하다고 생각해. 조금도 부끄러워할 것 없어. 음, 예를 들어 이렇게 생각하는 것도 이해를 도울 수 있을 거야.

$$d_1 = (x_1 - \mu)^2$$

$$d_2 = (x_2 - \mu)^2$$

$$\vdots$$

$$d_n = (x_n - \mu)^2$$

과 같이 x_k의 '편차의 제곱'에 d_k라는 이름을 붙이는 거야. 그러면 평균과 분산을 모두 '평균을 구한다'라는 의미에서 같은 계산을 한다는 사실을 발견할 수 있지.

평균과 분산은 같은 계산을 하고 있다

$d_k = (x_k - \mu)^2$ 라고 한다 ($k = 1, 2, \cdots, n$).

$$\frac{x_1 + x_2 + \cdots + x_n}{n} \qquad \frac{d_1 + d_2 + \cdots + d_n}{n}$$

평균   분산

테트라 오, 그렇네요….

테트라 그런데요, 선배. 선배는 항상 수식을 술술 써 내려가
네요.

나 수식이라고 해도 모두 더해서 n으로 나누는 것뿐이라 그렇
게 어렵지 않아.

테트라 그렇긴 하지만…. 어려운지, 어렵지 않은지에 대한 이
야기가 아니라, 저는 '수식으로 나타내면 더 잘 이해할 수 있
다'라는 생각이 잘 들지 않아서요….

나 그건 '습관'의 문제라고 생각해, 테트라. 수식을 읽고 쓰는
것에 익숙해지면 수식을 이용해 자기 생각을 정리할 수 있
어. 자신의 머리로 잘 읽고, 자신의 손으로 잘 쓰는 것이 중
요해. 자전거도 그렇잖아. 자전거 타기에 익숙해지면 멀리
까지 쉽게 갈 수 있는 것과 같은 거야. 예를 들어 수식에 익
숙해지기 위해 이런 수식을 전개해보자.

$$(a - b)^2$$

테트라 아…, 이거 알아요! 이 식을 전개하면 $a^2 - 2ab + b^2$
이죠?

$$(a - b)^2 = a^2 - 2ab + b^2$$

나 그럼 이 수식(♡)은 어때? 전개할 수 있어?

$$(♡) \qquad \frac{(a - \frac{a+b}{2})^2 + (b - \frac{a+b}{2})^2}{2}$$

테트라 까다로워 보이긴 하지만, 이 정도는 문제없어요!

테트라는 재빨리 노트에 계산을 시작했다. 테트라는 참 순수하다.

$$\frac{(a - \frac{a+b}{2})^2 + (b - \frac{a+b}{2})^2}{2}$$ 주어진 수식(♡)

$$= \frac{(\frac{2a}{2} - \frac{a+b}{2})^2 + (\frac{2b}{2} - \frac{a+b}{2})^2}{2}$$ 통분한다

$$= \frac{(\frac{a-b}{2})^2 + (\frac{-a+b}{2})^2}{2}$$ 분자를 계산한다

$$= \frac{(\frac{a-b}{2})^2 + (\frac{a-b}{2})^2}{2}$$ $(-a+b)^2 = (a-b)^2$이다

$$= \frac{2(\frac{a-b}{2})^2}{2}$$ 분자를 계산한다

$$= \left(\frac{a-b}{2}\right)^2$$ 2로 약분한다

$$= \frac{a^2 - 2ab + b^2}{4}$$ 전개한다

테트라 수식 ♡의 전개를 완료하였습니다!

(♡의 전개) $$\frac{(a - \frac{a+b}{2})^2 + (b - \frac{a+b}{2})^2}{2} = \frac{a^2 - 2ab + b^2}{4}$$

맞죠?

나 정답! 제곱의 전개를 나중에 한 것은 굉장히 좋은 방법이야.

자, 그럼 이번에 이 수식(♣)은 어떨까?

$$(\clubsuit) \qquad \frac{a^2+b^2}{2} - \left(\frac{a+b}{2}\right)^2$$

테트라 모양은 비슷하지만 저, 쉽게 걸려들지 않을 거예요…!

$$\frac{a^2+b^2}{2} - \left(\frac{a+b}{2}\right)^2 \qquad \text{주어진 수식}(\clubsuit)$$

$$= \frac{a^2+b^2}{2} - \frac{a^2+2ab+b^2}{4} \qquad \text{전개한다}$$

$$= \frac{2a^2+2b^2}{4} - \frac{a^2+2ab+b^2}{4} \qquad \text{통분한다}$$

$$= \frac{a^2-2ab+b^2}{4} \qquad \text{앗?}$$

테트라 어라? ♡의 전개와 똑같아졌어요!

(♡의 전개) $\quad \dfrac{(a - \frac{a+b}{2})^2 + (b - \frac{a+b}{2})^2}{2} = \dfrac{a^2-2ab+b^2}{4}$

(♣의 전개) $\qquad \dfrac{a^2+b^2}{2} - \left(\dfrac{a+b}{2}\right)^2 = \dfrac{a^2-2ab+b^2}{4}$

나 그렇지? 다시 말해 a와 b가 어떤 수라고 해도,

$$\frac{(a - \frac{a+b}{2})^2 + (b - \frac{a+b}{2})^2}{2} \quad = \quad \frac{a^2+b^2}{2} - \left(\frac{a+b}{2}\right)^2$$

$$\vdots \qquad\qquad\qquad\qquad \vdots$$

$$\heartsuit \qquad\qquad\qquad\qquad \clubsuit$$

라는 수식은 항상 성립하지. 이러한 등식을 **항등식**이라고 해.

테트라 선배는 이런 식을 암기하고 있는 거예요?

나 아니, 그렇지 않아. 이 식을 잘 봐. 미르카의 표현대로, '형태
를 간파'하면 흥미로운 사실을 발견할 수 있어.

●●● **문제 1 (신기한 항등식)**

a, b에 대한 이 항등식이 흥미로운 이유는 무엇일까?

$$\frac{(a - \frac{a+b}{2})^2 + (b - \frac{a+b}{2})^2}{2} = \frac{a^2+b^2}{2} - \left(\frac{a+b}{2}\right)^2$$

테트라 흥미로운 이유…. 어떤 부분이 흥미롭나요?

나 자, 힌트! $\frac{a+b}{2}$를 'a와 b의 평균'이라고 생각해 봐.

130

테트라 아, $\dfrac{a+b}{2}$는 분명 평균이지요….

$$\frac{(a - \boxed{\frac{a+b}{2}})^2 + (b - \boxed{\frac{a+b}{2}})^2}{2} = \frac{a^2+b^2}{2} - \left(\boxed{\frac{a+b}{2}}\right)^2$$

나 그리고 평균을 μ라고 바꾸어 써보는 거야.

$$\frac{(a-\boxed{\mu})^2 + (b-\boxed{\mu})^2}{2} = \frac{a^2+b^2}{2} - \boxed{\mu}^2$$

테트라 앗, 이건…!

나 눈치챘어?

테트라 좌변은 분산이에요! 데이터의 수치 a와 b에서 평균을
빼고 제곱한 후, 다시 평균을 취하고 있으니까요!

$$\underbrace{\frac{(a-\mu)^2 + (b-\mu)^2}{2}}_{a와\ b의\ 분산} = \frac{a^2+b^2}{2} - \mu^2$$

나 맞아. 그리고 우변의 $\dfrac{a^2+b^2}{2}$는 a^2과 b^2의 평균, μ^2은 a와 b
의 평균의 제곱이야.

$$\underbrace{\frac{(a-\mu)^2 + (b-\mu)^2}{2}}_{a와 \, b의 \, 분산} = \underbrace{\frac{a^2+b^2}{2}}_{a^2과 \, b^2의 \, 평균} - \underbrace{\mu^2}_{a와 \, b의 \, 평균의 \, 제곱}$$

테트라 음, 그러니까…. 이건 어떻게 생각하면 좋을까요?

나 다시 말해 이런 식이 성립한다고 할 수 있는 거지.

$$\langle a와 \, b의 \, 분산 \rangle = \langle a^2과 \, b^2의 \, 평균 \rangle - \langle a와 \, b의 \, 평균 \rangle^2$$

테트라 아하….

나 지금은 a와 b라는 두 개의 수치밖에 없지만, 사실 n개의 수
치로 일반화가 가능해.

$$\langle x_1, \cdots, x_n의 \, 분산 \rangle = \langle x_1^2, \cdots, x_n^2의 \, 평균 \rangle - \langle x_1, \cdots, x_n의 \, 평균 \rangle^2$$

테트라 그런 식이 성립하는군요….

나 제대로 써 보면,

$$\frac{(x_1-\mu)^2 + \cdots + (x_n-\mu)^2}{n} = \frac{x_1^2 + \cdots + x_n^2}{n} - \left(\frac{x_1 + \cdots + x_n}{n}\right)^2$$

이야. 한마디로 정리해서

$$\langle 분산 \rangle = \langle 제곱의 평균 \rangle - \langle 평균의 제곱 \rangle$$

이라는 거지. 구체적인 데이터에서 분산을 구하고 싶을 때, 분산의 정의를 활용해 계산할 수도 있지만 '제곱의 평균'에서 '평균의 제곱'을 빼는 방법으로도 구할 수 있어. 테트라 와아….

••• **해답 1 (신기한 항등식)**

a와 b에 대한 항등식,

$$\frac{(a - \frac{a+b}{2})^2 + (b - \frac{a+b}{2})^2}{2} = \frac{a^2 + b^2}{2} - \left(\frac{a+b}{2}\right)^2$$

은

$$\langle 분산 \rangle = \langle 제곱의 평균 \rangle - \langle 평균의 제곱 \rangle$$

라는 식의 하나의 예가 된다.[*]

---

[*] 컴퓨터로 계산할 때, 〈분산〉 = 〈제곱의 평균〉 – 〈평균의 제곱〉을 사용하면 '항 누락(부동 소수점 오류)'이라는 현상으로 인해 큰 오차가 발생하는 경우가 존재한다.

미르카가 도서관으로 들어왔다.

테트라 아, 미르카 선배!

미르카 분산에 대해 얘기하고 있었구나.

미르카가 노트를 슬쩍 보며 말했다. 미르카가 고개를 기울일
때마다 그녀의 길고 검은 머리카락이 살랑살랑 움직였다. 미르
카는 나의 같은 반 친구다. 하지만 나보다 수학을 훨씬 더 잘한
다. 나와 테트라 그리고 미르카, 이 세 명은 언제나 수학 이야기
를 즐긴다.

테트라 선배한테 분산의 의미를 물어보고 있었어요. 분산은 '흩
어진 정도'를 말해요.

미르카 '흩어진 정도'라….

나 뭐가 이상해?

미르카 분산이 '흩어진 정도'를 나타낸다는 것은 괜찮다고 쳐.
그래서 '흩어진 정도'라는 말에는 어떤 **의미**가 있을까? 그건
어떻게 대답할 거야?

134

나 '흩어진 정도'의 의미?

테트라 '흩어진 정도'를 알면 데이터의 수치가 흩어져 있다는 것을 알 수 있지요. 앗, 근데….

미르카 테트라, 그건 같은 말을 반복하는 것에 불과해. 그럼 질문을 바꿔 볼게. **분산을 안다는 것의 의미는 무엇일까? 분산을 알면 좋은 점은 뭐지? 그리고 흩어진 정도가 큰지, 혹은 작은지를 따지는 것에는 어떤 의미가 있을까?**

나 잠깐만. 데이터는 많은 수치를 포함하고 있기 때문에 그 수치를 모두 다루기는 어렵잖아? 그래서 대푯값을 활용하고 싶은 거지. 분산도 그 정도로 괜찮지 않을까?

미르카 오호.

테트라 저도 그렇게 생각했어요. 예를 들어 평균은…, 평균이라는 하나의 값을 보는 것만으로도 '수치가 그 근처에 모여 있다'라는 사실을 알 수 있잖아요.

미르카 그렇지 않아.

테트라 네?

미르카 평균으로는 그것을 알 수 없어.

테트라 정말요?

나 테트라, 테트라는 지금 '수치가 평균 근처에 모여 있다'라고 표현했지만, 수치가 정말 평균 근처에 모여 있는지, 아닌지는 알 수 없어. 예를 들어 모든 사람의 점수가 0점 또는 100점 중 하나라면, 심지어 0점과 100점을 받은 인원수가 같은 경우라면 평균은 50점이지만 50점 근처에는 아무도 없잖아.

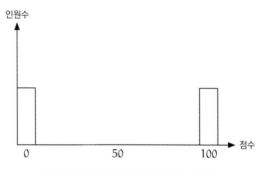

평균 점수를 받은 사람이 0명인 경우도 있다

테트라 아⋯, 그렇군요.

미르카 분포를 가정하면 다르지만.

나 그러니까 평균은 '수치를 평평하게 다진 값'이라고 생각하는 게 좋아. 하지만 평균을 아는 의미는 있지.

미르카 흠, 그렇다면 분산을 아는 의미는 뭘까?

나 분산이 크면 '수치가 넓게 펼쳐져 있다'고 할 수 있는 거지.
흠. 이것도 같은 말을 반복하는 거네⋯.

테트라 분산이 크면 '수치가 흐트러져 있다'라는 건 어떤가요?

나 그것도 어떻게 보면 그냥 표현을 바꾼 것뿐이야.

테트라 미르카 선배는 어떻게 생각해요?

미르카 분산을 통해서는 '놀라움의 정도'를 알 수 있어.

나 놀라움의 정도?

미르카 '흔치 않은 정도'나 '대단함의 정도'라고 표현할 수도
있지.

테트라 그건 무슨 말인가요?

미르카 데이터는 많은 수치를 포함하고 있어. 우리는 그중에 하
나의 수치에 집중할 거야. 예를 들어 시험인 경우, 사람은 누
구나 '자신의 점수'에 주목하잖아.

테트라 그건 그래요. 누구나 자신의 점수가 신경 쓰이죠.

미르카 많은 점수가 모인 데이터가 있고, 그중에 하나인 '내 점
수'가 있지. 여기에서 '나'는 평균보다 꽤 높은 점수를 받았
다고 가정하자. 그럼 이건 '대단한 일'일까?

테트라 평균보다 높은 점수를 받았다면 그건 '대단한 일'이 아
닌가요?

미르카 그럼 얼마나 대단한 걸까? 만약 **분산을 알고 있다면 구체
적인 점수의 '대단함의 정도'를 알 수 있어.**

테트라 네? 어떻게요? 분산을 몰라도 '평균과의 차이'만으로
'대단함의 정도'는 알 수 있지 않나요?

나 아, 그렇구나! 확실히 분산은 유효하네.

테트라 저는 아직 잘 모르겠어요….

나 그럼 테트라, 조금 더 생각해 보자. 예를 들어 평균 점수
는 50점, 내 점수가 100점이라고 가정하자. 내 점수는 평
균보다 50점이나 높아. 즉 이 경우, 편차는 50점이라고 할
수 있어.

테트라 맞아요, 시험을 잘 봤네요!

나 하지만 혹시 이 시험은 수험생의 절반이 100점을 받은 시
험일지도 몰라. 그리고 나머지 수험생은 0점이지. '100점이
절반, 0점이 나머지 절반'인 시험이라면 평균 점수는 50점
이 되지. 이때 100점을 받은 것이 그렇게 대단한 일일까?

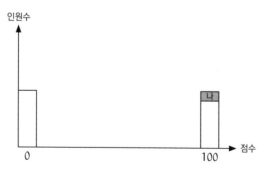

평균 점수는 50점
(100점이 절반, 0점이 나머지 절반)

테트라 수험생의 절반이 100점이라니! 그렇게 많은 사람이 100점을 받았다면 내 점수는 그렇게 대단하다고는…, 할 수 없겠네요.

나 그런 거야. '100점이 절반, 나머지 절반이 0점'이라면 분산은 매우 크겠지. 이때 100점을 받았더라도 '대단함'은 그렇게 느껴지지 않아.

테트라 그렇죠….

나 그에 비해 '나 혼자 100점, 0점이 1명, 나머지가 50점'인 시험은 어떨까? 평균 점수도, 내 점수도 이전과 달라진 것은 하나도 없어.

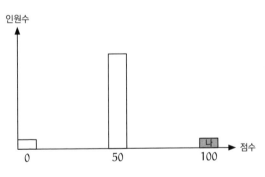

평균 점수는 50점
(나 혼자 100점, 0점이 1명, 나머지가 50점)

테트라 이번에 내 점수는 '매우 대단'한 거예요!

나 그렇지? 이번에는 대부분의 수험생이 50점을 받았기 때문에 분산은 매우 작아. 이런 경우 100점을 '매우 대단'하다고 생각할 수 있는 거지.

미르카 방금 전 설명이 맞아. 분산을 알면 어떤 하나의 값을 선택했을 때, 그것이 '흔한 수치'인가, 아니면 '흔치 않은 수치'인가를 알 수 있는 거야.

테트라 그렇군요. 그래서 선배는 '대단함의 정도', '놀라움의 정도' 혹은 '흔치 않은 정도'를 알 수 있다고 말한 거네요.

미르카 맞아.

나 분산이 크면 평균으로부터 크게 벗어난 수치가 선택되어도 그리 놀라운 일이 아니야. 흔한 수치이기 때문이지. 그런 점에서 확실히 평균으로는 '놀라움의 정도'를 알 수 없구나!

테트라 자신이 평균 점수보다 아주 높은 점수를 받아도 분산을 모르면 그 점수의 진정한 가치는 알 수 없는 거군요….

미르카 그런 발상에서 한 걸음 더 발전하면 **표준점수**에 다다르게 돼.

테트라 표준점수?

미르카 응? 테트라, 표준점수를 몰라?

테트라 아, 아니요! 알아요. 물론 수험생이니까 표준점수는 알죠.

미르카 그럼 테트라가 **표준점수의 정의**를 한번 설명해 줄래?

미르카는 그렇게 말하며 테트라를 지목했다.

테트라 음, 그러니까…, 표준점수의 정의…. 그게 아니라…. '표
준점수'라는 단어는 알고 있는데 표준점수의 정의는 모르겠
어요. 죄송해요.

미르카 단어는 알지만, 정의는 모른다?

테트라 음, 생각해 보니 이상한 말이네요. 시험을 보거나, 입시
를 고민할 때 항상 신경 쓰는 수치인데, 그 정의를 알지 못
하다니….

미르카 그럼 대신에 네가 표준점수의 정의를 알려줘.

이번에는 미르카가 나를 가리켰다.

나 표준점수는 분명 이런 거였지.

수험생이 n명인 어느 시험에서 각 수험생의 점수를 x_1, x_2, …, x_n으로 나타내기로 한다.

그리고 이 시험의 평균 점수는 μ, 점수의 표준편차는 σ(시그마)라고 한다.

이때 이 시험에서 점수 x_k의 **표준점수**를

$$50 + 10 \times \frac{x_k - \mu}{\sigma}$$

라고 정의한다. 그리고 σ = 0인 경우, 표준점수를 50이라고 정의한다.

테트라 흐음…, 표준편차?

나 표준편차는 분산에 루트를 씌운 값이야. 즉 분산을 V라고 하면 σ는 $\sigma = \sqrt{V}$가 되는 거지.

테트라 표준편차는…, 편차와는 다른 개념이죠?

미르카 자, 그럼 이쯤에서 평균, 분산, 표준편차의 정의를 다시 한번 확인해 보자.

나 좋아.

평균

n개의 수치가 있다고 가정한다. 이때 수치 n개를 모은 것
을 **데이터**라고 부른다. 데이터에 포함된 n개의 수치를

$$x_1, x_2, \cdots, x_n$$

라고 정의하기로 한다.

이때

$$\mu = \frac{x_1 + x_2 + \cdots + x_n}{n}$$

를 이 데이터의 **평균**이라고 한다.

테트라 아, 감사합니다…. 평균의 정의는 이해했어요.

나 그럼 이제 분산에 대해 알아볼게.

분산

데이터 $x_1, x_2, \cdots, x_n$의 평균을 μ라고 나타내기로 한다.

수치 x_1과 평균 μ의 차, 즉

$$x_1 - \mu$$

를 x_1의 **편차**라고 부른다. x_1의 편차와 마찬가지로 x_2의 편차, x_3의 편차, $\cdots$, x_n의 편차를 각각 생각할 수 있다. x_1, x_2, $\cdots$, x_n의 편차를 각각 제곱한 값의 평균을 **분산**이라고 부른다. 즉 분산 V는

$$V = \frac{(x_1 - \mu)^2 + (x_2 - \mu)^2 + \cdots + (x_n - \mu)^2}{n}$$

이다.

테트라 네, 이것도 괜찮아요. 다시 확인하는 거지만, x_k의 편차는 $x_k - \mu$라고 생각하면 되는 거죠?

나 맞아. 그렇지. 그다음, 표준편차의 정의는 이렇게 돼.

테트라 편차, 표준편차…, 그리고 표준점수.

나 그리고 표준점수의 정의는 이거야.

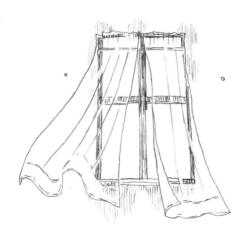

테트라 네, 표준점수의 정의는 이해했어요. 아니, 이해라고 할까, 점수로 평균을 계산할 수 있고, 점수와 평균으로 분산을 계산할 수 있다는 흐름은 알겠어요.

146

점수로 평균을 계산할 수 있다.

$$x_1, x_2, \cdots, x_n \quad \longrightarrow \quad \mu$$

점수와 평균으로 분산을 계산할 수 있다.

$$x_1, x_2, x_3 \cdots, x_n, \mu \quad \longrightarrow \quad V$$

분산으로 표준편차를 계산할 수 있다.

$$V \quad \longrightarrow \quad \sigma$$

점수 x_k와 평균과 표준편차로 x_k의 표준점수를 계산할 수 있다.

$$x_k, \mu, \sigma \quad \longrightarrow \quad x_k\text{의 표준점수}$$

나 그렇지.

테트라 하지만 표준점수는 무엇인지 정확하게 모르겠어요….

나 어느 시험에서 평균 점수를 받았다고 하자. 그때 표준점수
는 무조건 50이야. 왜냐하면 $x_k = \mu$일 때 표준점수는

$$50 + 10 \times \frac{x_k - \mu}{\sigma} = 50 + 10 \times \frac{0}{\sigma}$$
$$= 50$$

이기 때문이지.

테트라 호오….

나 다시 말해 표준점수를 이용하면, 평균 점수가 다른 시험들도 결과를 비교할 수 있는 거야. 시험에도 어려운 시험, 쉬운 시험, 여러 가지가 있잖아. 그럴 때는 평균이 다 달라져 버리니까.

테트라 그건 그래요. 시험이 어려우면 평균은 낮아져요.

나 예를 들어 어느 날 '시험 A에서 70점'을 받았는데, 얼마 후 '시험 B에서도 70점'을 받았다고 하자. 단순히 점수를 비교하면 똑같이 70점이니까 실력은 변하지 않은 것처럼 보이지.

테트라 아하, 시험 B가 시험 A보다 어려웠다면 같은 70점이라도 실력은 향상했을지도 모른다…, 그 말이군요! 표준점수는 '평균이 50점이 되도록 만든 값'이기 때문에, 점수보다 표준점수를 비교해야 실력이 향상했는지, 아닌지를 확실히 알 수 있다는 거죠?

나 그렇지.

미르카 하지만 표준점수에는 추가 조건이 따르기 때문에 그렇게 단순하지도 않아.

나 응?

미르카 표준점수는 만능 수치가 아니야. 만약 '표준점수를 사용하면 어떤 시험이든 관계없이 실력을 비교할 수 있다'라고 말하고 싶다고 가정하자.

테트라 맞는 말 아닌가요?

미르카 만약 시험 A에서는 표준점수가 60이었어. 그다음 시험
B에서도 표준점수는 60이었지. 이때 실력은 변함이 없다고
말할 수 있을까?

테트라 시험 A와 B의 난이도가 변하면 그만큼 평균 점수가 달
라지겠지만, 표준점수는 무조건 평균 점수가 50이 되도록
조절한 수치니까…. 실력이 변하지 않았다고 말할 수 있지
않을까요?

미르카 시험 A와 B에서 본인 이외의 수험생이 모두 달라졌다
면?

테트라 흐음. 시험의 참가자가 모두 바뀌면 당연히 평균도 달
라지겠죠. 만약 표준점수가 같아도 시험 A보다 시험 B에 실
력이 낮은 수험생이 많다면 자신의 실력은 떨어진 것이 된
다는 건가요?

나 응, 확실히 그렇게 되지. 표준점수는 평균에서 벗어난 정도
를 표준화한 것일 뿐이니까.

미르카 표준점수를 바탕으로 자신의 순위를 추측하는 것에도
위험성은 존재하지. 점수의 분포가 정규분포에 가깝다면 표
준점수 60 이상은 약 상위 16%를 의미해. 하지만 점수의 분

포가 정규분포에 가깝다는 보장은 어디에도 없어. 표준점
수의 근소한 차이에서 의미를 찾으려고 하는 것은 위험해.

테트라 정규분포….

테트라는 바로 〈비밀 노트〉에 메모했다.

3-6 표준점수의 평균

테트라 하지만 평균 점수를 받은 사람의 표준점수가 반드시 50
이라는 것은 확실하죠?

미르카 물론이지. 그리고 표준점수의 평균도 50이 돼.

테트라 표준점수의 평균…?

나 모든 수험생의 표준점수를 더해서 수험생 수로 나누면 50
이 된다는 말이야.

테트라 음…, 그러니까….

나 계산은 그렇게 어렵지 않아.

수험생이 n명인 어느 시험에서 수험생 각각의 점수를 x_1, x_2, ···, x_n이라고 나타내기로 한다.

이 시험에서 각 수험생의 표준점수를 y_1, y_2, ···, y_n이라고 할 때,

$$\frac{y_1 + y_2 + \cdots + y_n}{n}$$

을 구하라.

테트라 학생 K의 표준점수를 y_k라고 하는 거군요. 저, 표준점수의 정의를 사용해서 끈기 있게 계산하면 표준점수의 평균을 구할 수 있을 것 같아요!

나 이 계산은 그렇게까지 끈기가 필요하지 않아.

테트라 어쨌든 제가 한번 해볼게요!

$$\frac{y_1 + y_2 + \cdots + y_n}{n} = \frac{\left(50 + 10 \times \dfrac{x_1 - \mu}{\sigma}\right) + 우와아 \cdots}{n}$$

테트라 우와아…. 역시 한 번에 계산하기는 어려우니까 점수가 x_k인 학생 K의 표준점수 y_k를 먼저 써 볼게요.

$$y_k = 50 + 10 \times \frac{x_k - \mu}{\sigma} \qquad x_k\text{의 표준점수}$$

테트라 그리고 평균은 $\frac{x_1 + \cdots + x_n}{n}$ 이니까…,

$$y_k = 50 + 10 \times \frac{x_k - \dfrac{x_1 + x_2 + \cdots + x_n}{n}}{\sigma}$$

나 아니, 여기에서는 평균에 μ를 그대로 사용해서 y_k의 합을 구하는 것이 더 좋지 않을까?

$y_1 + y_2 + \cdots + y_n$

$$= \left(50 + 10 \times \frac{x_1 - \mu}{\sigma}\right) + \left(50 + 10 \times \frac{x_2 - \mu}{\sigma}\right) + \cdots + \left(50 + 10 \times \frac{x_n - \mu}{\sigma}\right)$$

$$= 50n + \frac{10}{\sigma} \times \{(x_1 - \mu) + (x_2 - \mu) + \cdots + (x_n - \mu)\}$$

$$= 50n + \frac{10}{\sigma} \times (x_1 + x_2 + \cdots + x_n - n\mu)$$

나 이 식에서 'nμ'가 나왔지만 이건 '평균의 n배'라고 할 수 있으니까, $x_1 + x_2 + \cdots + x_n$와 같아. 그 말은…,

$$y_1 + y_2 + \cdots + y_n$$

$$= 50n + \frac{10}{\sigma} \times (x_1 + x_2 + \cdots + x_n - \underline{n\mu})$$

$$= 50n + \frac{10}{\sigma} \times \{x_1 + x_2 + \cdots + x_n - \overline{(x_1 + x_2 + \cdots + x_n)}\}$$

$$= 50n + \frac{10}{\sigma} \times 0$$

$$= 50n$$

테트라 와! 대단해요! 결국 50n만 남았어요!

나 $y_1, \cdots, y_n$의 총합이 50n이라는 사실을 알았으니, 표준점수의 평균은 50이라고 할 수 있어.

미르카 모든 편차의 합은 0이니까 말이야.

나 미르카의 말이 맞아. '표준점수'의 정의를 잘 보면, 그 정의 속에 '편차'가 나온다는 사실을 알 수 있는 거지.

$$x_k \text{의 표준점수} = 50 + 10 \times \frac{\overbrace{x_k - \mu}^{x_k \text{의 편차}}}{\sigma}$$

테트라 아아…. 정말 편차가 나오네요. $x_k - \mu$는 x_k에서 평균
을 뺀 값이에요.

나 그리고 모든 편차의 합은 아까 말한 것처럼 당연히 0이야.

$(x_1 - \mu) + (x_2 - \mu) + \cdots + (x_n - \mu)$ μ가 n개 있다

$= (x_1 + x_2 + \cdots + x_n) - n\mu$ n개의 μ를 모은다

$= (x_1 + x_2 + \cdots + x_n) - (x_1 + x_2 + \cdots + x_n)$ 평균 μ에 n을 곱한다

$= 0$

테트라 아! 그렇군요! 그럼 표준점수의 평균은 당연히 50이 되
겠네요!

미르카 표준점수의 정의에 등장하는 '50+'라는 부분은 '표준점
수의 평균을 50으로 한다'라는 의도를 담고 있는 거지.

테트라 오호.

●●● **해답 2 (표준점수의 평균)**

수험생이 n명인 어느 시험에서 각 수험생의 표준점수를 y_1,
$y_2, \cdots, y_n$라고 할 때,

$$\frac{y_1 + y_2 + \cdots + y_n}{n} = 50$$

이 성립한다.

3-7 표준점수의 분산

미르카 표준점수의 정의에서 '표준점수의 평균'이 50이라는
  사실을 바로 알 수 있어. 그렇다면 '표준점수의 분산'은 어
  떨까?

나 그러게. 표준점수의 분산은 어떻게 될까?

미르카 그 답은 매우 놀라워.

테트라 표준점수의 평균은 50, 그리고 분산은 어떻게 되나요?

미르카 계산하면 금방 알 수 있을 거야.

테트라 계산….

●●● 문제 3 (표준점수의 분산)

수험생이 n명인 어느 시험에서 수험생 각각의 점수를 x_1, x_2, $\cdots$, x_n라고 나타내기로 한다.

이 시험에서 각 수험생의 표준점수를 y_1, y_2, $\cdots$, y_n라고 할 때, y_1, y_2, $\cdots$, y_n의 분산을 구하여라.

나 이것도 표준점수를 정의하는 식을 이용해 계산하면 바로 답이 나올 것 같아.

테트라 저도 계산해 볼게요! 먼저 정의에서는…, 흠. 한 사람, 한 사람의 표준점수가 y_1, y_2, $\cdots$, y_n이고, 평균은 μ이니까 분산은….

$$\langle \text{표준점수의 분산} \rangle = \frac{(y_1 - \mu)^2 + (y_2 - \mu)^2 + \cdots + (y_n - \mu)^2}{n} \quad (?)$$

미르카 정의가 잘못됐어.

테트라 네? 분산은 '수치에서 평균을 빼고 제곱한 값'의 평균 아닌가요?

미르카 아니, 그건 너무 생략했어.

테트라 ?

156

미르카 '무엇의 평균'인지를 먼저 의식해야 해.

테트라 '무엇의 평균'이라고 해도 평균은 μ인데…. 앗, 아니네요! μ는 **점수의 평균**이었어요! 표준점수의 분산이니까 y_k에서 **표준점수의 평균**을 빼야 하네요. 실수했어요. '표준점수의 평균'은 50이니까 '표준점수의 분산'은…, 이렇게 되겠죠?

$$\langle \text{표준점수의 분산} \rangle = \frac{(y_1-50)^2 + (y_2-50)^2 + \cdots + (y_n-50)^2}{n}$$

테트라 어라? $y_1 - 50$은 $10 \times \frac{x_1 - \mu}{\sigma}$ 아닌가요?

$$y_1 = 50 + 10 \times \frac{x_1 - \mu}{\sigma}$$

잖아요!

나 맞아. 아, 알았다!

테트라 앗, 잠깐만요! 선배가 먼저 계산하면 안 돼요!

〈표준점수의 분산〉

$$= \frac{(y_1 - 50)^2 + (y_2 - 50)^2 + \cdots + (y_n - 50)^2}{n}$$

$$= \frac{\left(10 \times \frac{x_1 - \mu}{\sigma}\right)^2 + \left(10 \times \frac{x_2 - \mu}{\sigma}\right)^2 + \cdots + \left(10 \times \frac{x_n - \mu}{\sigma}\right)^2}{n}$$

$$= \frac{10^2}{n\sigma^2} \times \{(x_1 - \mu)^2 + (x_2 - \mu)^2 + \cdots + (x_n - \mu)^2\}$$

= 이제 제곱을 전개해서…

나 테트라, 그렇게 전개하면 계산의 늪에 빠지고 말 거야.

테트라 계산의 늪?

나 방금 전 계산에서 $\frac{10^2}{n\sigma^2}$를 묶었는데, n은 남겨 두는 게 좋아.

테트라 그럼 이렇게 하면 되나요?

〈표준점수의 분산〉 $= \frac{10^2}{n\sigma^2} \times \{(x_1 - \mu)^2 + (x_2 - \mu)^2 + \cdots + (x_n - \mu)^2\}$

$$= \frac{10^2}{\sigma^2} \times \frac{(x_1 - \mu)^2 + (x_2 - \mu)^2 + \cdots + (x_n - \mu)^2}{n}$$

미르카 일목요연하군!

테트라 네?

나 '×'의 오른쪽에 있는 분수 말이야.

테트라 $\dfrac{(x_1-\mu)^2+(x_2-\mu)^2+\cdots+(x_n-\mu)^2}{n}$ 요? 앗, 이건 분산이네요!

나 맞아! 점수의 분산이지.

테트라 그러니까 점수의 분산을 V라고 하면…,

$$\langle 표준점수의\ 분산 \rangle = \dfrac{10^2}{\sigma^2} \times \dfrac{(x_1-\mu)^2+(x_2-\mu)^2+\cdots+(x_n-\mu)^2}{n}$$

$$= \dfrac{10^2}{\sigma^2} \times V$$

테트라 이렇게 되네요!

나 아까워! 테트라, σ^2이 뭐였지?

테트라 σ는 표준편차니까 $\sigma=\sqrt{V}$인데…. 아아! $\sigma^2=V$죠? σ^2 은 점수의 분산이에요!

$$\langle 표준점수의\ 분산 \rangle = \dfrac{10^2}{\sigma^2} \times V$$

$$= \dfrac{10^2}{V} \times V \qquad \sigma^2 = V이다$$

$$= 10^2 \qquad\qquad 약분한다$$

$$= 100$$

나 다시 말해 '표준점수의 분산'은 100인 거야! 그리고 '표준점 수의 표준편차'는 $\sqrt{100}$이니까 10이 되는 거고.

수험생이 n명인 어느 시험에서 수험생 각각의 점수를 x_1, x_2, $\cdots$, x_n라고 나타내기로 한다.

이 시험에서 각 수험생의 표준점수를 y_1, y_2, $\cdots$, y_n라고 할 때, y_1, y_2, $\cdots$, y_n의 분산은

$$100$$

이다.

미르카 표준점수의 정의에 등장하는 두 정수, 50과 10은 각각 '표준점수의 평균'과 '표준점수의 표준편차'라고 할 수 있는 거지.

표준점수의 정의에 등장하는 두 정수

$$\underbrace{50}_{\text{표준점수의 평균}} + \underbrace{10}_{\text{표준점수의 표준편차}} \times \frac{x_k - \mu}{\sigma}$$

나 그렇구나! x_1, x_2, $\cdots$, x_n이 어떤 값이라도, 표준점수는

- '표준점수의 평균'이 50이 되고
- '표준점수의 표준편차'가 10이 되도록

정의되어 있는 거구나!

미르카 맞아. 50과 10에 특별한 의미는 없지만 말이야.

3-8 표준점수의 의미

나 이 식을 통해 표준점수의 의미를 다시 한번 이해하게 됐어.

$$y_k = 50 + 10 \times \frac{x_k - \mu}{\sigma}$$

미르카 그래?

나 응. 일단 아까 본 것처럼 식의 '50 + ⋯'라는 부분은 표준점수의 평균을 50으로 맞추기 위한 거잖아. 시험마다 평균 점수가 달라진다고 하더라도 표준점수로 변환하면 어떤 시험에서도 평균은 50이 되지.

테트라 표준점수의 세계에서는 언제나 평균은 50인 거네요.

나 그리고 표준점수의 정의 나머지 부분, 즉 ⋯ + $10 \times \frac{x_k - \mu}{\sigma}$

에서 $\frac{x_k - \mu}{\sigma}$은 '표준편차와 비교했을 때의 편차의 크기'를 나타내고 있어.

테트라 흐음….

나 일단 $x_k - \mu$는 x_k의 편차고….

테트라 학생 K의 점수가 평균 점수보다 얼마나 좋은지를 말해요.

나 그리고 σ는 $x_1, x_2, \cdots, x_n$의 표준편차가 되지.

테트라 네….

나 분산 V는 $(x_1 - \mu)^2, (x_2 - \mu)^2, \cdots, (x_n - \mu)^2$의 평균이니까 분산은 '편차 제곱'의 평균적인 값을 나타낸다고 할 수 있어. 이러한 배경을 가지고 있으니 표준편차 σ는 어떤 의미에서 '평균적인 편차'를 나타내고 있는 거네.

테트라 아, 네!

나 그렇다면 $\frac{x_k - \mu}{\sigma}$는 무엇을 나타내고 있을까?

테트라 학생 K의 편차는 표준편차에 비해 어느 정도인가….

나 그렇지! 표준편차를 기준으로 했을 때의 비율이라고 할 수 있어. 예를 들어 x_k의 편차가 표준편차와 완전히 같다면 $\frac{x_k - \mu}{\sigma} = 1$이 되고, x_k의 편차가 표준편차의 2배라면 $\frac{x_k - \mu}{\sigma}$ = 2가 되지. 다시 말해 $\frac{x_k - \mu}{\sigma}$는 'x_k의 편차는 표준편차의 몇 배인가'를 표현하고 있는 거야.

미르카 설명이 너무 길고 복잡해.

테트라 아, 저 방금 선배의 설명으로 깨달았어요! 표준점수에서는 $\frac{x_k - \mu}{\sigma}$를 10배로 하고 있잖아요? 그 말은 만약 표준점수가 60인 학생, 즉 '표준점수가 50보다 10이 더 큰 학생'은 '평균 점수보다 표준편차의 1배만큼 점수가 높은 학생'을 말하는 거예요!

미르카 흐음.

나 맞았어! 그렇게 생각하면 돼. 표준점수의 정의를 자세히 보면 그걸 깨달을 수 있지.

표준점수 y_k	점수 x_k
$30 = 50 - 20$	평균 점수 $-2 \times$ 표준편차
$40 = 50 - 10$	평균 점수 $-1 \times$ 표준편차
50	평균 점수
$60 = 50 + 10$	평균 점수 $+1 \times$ 표준편차
$70 = 50 + 20$	평균 점수 $+2 \times$ 표준편차

미르카 맞는 말이야.

나 표준점수에는 평균 점수와 표준편차가 섞여 있다고 말할 수 있어! 점수의 평균, 분산, 표준편차를 몰라도, 표준점수를 들으면 평균 점수에서 표준편차의 몇 배만큼 벗어난 점수인지를 알 수 있는 거야.

테트라 앗, 잠깐만요. 표준점수의 정의에서 '표준점수의 평균'
이 50, '표준점수의 표준편차'가 10이 된다는 것은 이해했어
요. 그리고 '표준점수가 50보다 10이 큰 사람'은 '평균 점수
보다 표준편차의 1배만큼 점수가 높은 사람'이라는 것도요.
그런데 '그래서 뭐?'라는 생각이 드네요….

미르카 다시 처음으로 돌아가 보자. 어떤 시험에서 자신의 점
수가 높다고 해서 '대단하다'라고 말할 수 있을까? 아니, 그
렇지 않아. 다른 사람들도 높은 점수를 받았을지 모르기 때
문이야. 본인의 점수만 보고 '대단함'을 말할 순 없는 거지.

테트라 네, 그렇죠.

미르카 다른 사람의 점수와 비교하기 위해 먼저 자신의 점수를
평균과 비교해 볼게. 자신의 점수가 평균보다 높으면 '대단
하다'라고 말할 수 있을까? 아니, 그렇지 않아. '흩어진 정
도', 즉 분산이 클지도 모르기 때문이지. 분산이 크면, 다시
말해 표준편차가 크면 평균보다 점수가 높다고 하더라도 흔
한 점수일 가능성이 있어. 평균과 비교하는 것만으로는 아직
자신의 점수의 '대단함'을 말할 수 없는 거야.

테트라 맞아요! 그랬어요!

미르카 그래서 $\frac{x - \mu}{\sigma}$에 주목하는 거야. 점수가 평균 μ으로부

터 표준편차 σ의 몇 배만큼이나 벗어나 있는지 알 수 있기 때문이야. 평균과 표준편차를 알면 어떤 특정한 값을 보고 그것이 '얼마나 놀랄 만한 수치인가'를 알 수 있어. 정규분포로 간주할 수 있는 분포의 경우에는 항상 정확하게 알 수 있지만, 분포를 가정하지 않아도 알 수 있는 경우가 있지.

테트라 ….

미르카 하나의 수치만 보고 '대단하다'라고 놀라기는 너무 성급해. 평균을 계산하고 놀라는 것도 너무 일러. '대단하다'라고 놀라려면 **평균과 표준편차를 모두 확인한 후에 놀라야 하는 거지.**

나 표준점수는 평균이 50, 표준편차가 10이라는 사실을 처음부터 알고 있기 때문에 매우 편리한 거구나.

테트라 그런데 표준편차만큼 벗어난 점수는 얼마나 '대단한 점수'인가요?

미르카 데이터의 분포가 정규분포에 가깝다는 전제를 바탕으로

- 표준점수가 60 이상이면 상위 약 16%
- 표준점수가 70 이상이면 상위 약 2%

정도의 '놀라움'이라고 할 수 있어.

테트라 이걸 외워야 하나요?

미르카 암기해 두어야 할 것은

$$34, 14, 2$$

라는 세 개의 숫자야. '34, 14, 2'를 기억해두면 돼.

테트라 34, 14, 2?

미르카 응. 정규분포는 다양한 상황에서 등장하는 매우 중요한 분포야. 예를 들어 신장의 분포나 측정 오차의 분포 등은 정규분포에 가까운 경우가 많다고 해. 물리학, 화학, 의학, 심리학, 경제학 등 모든 분야에서 정규분포에 가깝다고 할 수 있는 통계량이 나타나지.

테트라 정말요?

미르카 정규분포에 가까운 분포의 그래프는 다음과 같이 종을 닮은 모양이야.

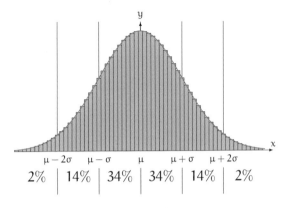

| 2% | 14% | 34% | 34% | 14% | 2% |

정규분포에 가까운 분포

미르카 이 정규분포의 그래프에서 표준편차 σ의 간격으로 구역을 나누면, 대략 34%, 14%, 2%의 비율이 구해져. 만약 표준점수가 60 이상이라면 $14 + 2 = 16$으로, 상위 약 16%라는 결과를 얻을 수 있어. 반복해서 말하지만 이런 비율은 어디까지나 데이터가 정규분포에 가깝다고 할 수 있을 때뿐이야. 다양한 상황에서 정규분포가 등장하지만 모든 분포가 정규분포에 근사할 수 있는 것은 아니야. 분포를 모를 때 정규분포와 비슷한 경우도 종종 있지만, 그것이 옳은지는 충분히 알아볼 필요가 있어. 시험 성적도 마찬가지야. 점수의 분포가 정규분포에 가까울 것이라는 보증은 어디에도 없는 거지.

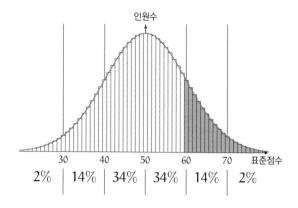

| 2% | 14% | 34% | 34% | 14% | 2% |

표준점수가 60 이상이라면 상위 약 16%
(데이터가 정규분포와 가까운 경우)

테트라 정규분포라면 '34, 14, 2'….

미즈타니 선생님 이제 하교할 시간이에요!

"사람들이 깜짝 놀랄 만한 일을 '특이하다'라고 표현한다."

제3장의 문제

●●● 문제 3-1 (분산)

n개의 수치$(x_1, x_2, \cdots, x_n)$로 만든 데이터가 있다고 가정하자. 이 데이터의 분산이 0이 되는 경우는 어떤 경우일까?

(해답은 311쪽에)

●●● 문제 3-2 (표준점수)

표준점수에 관한 ①~④의 질문에 답하시오.

① 점수가 평균보다 높을 때, 자신의 표준점수는 50보다 크다고 할 수 있을까?

② 표준점수가 100이 넘는 경우가 있을까?

③ 전체 평균 점수와 자신의 점수를 알면 자신의 표준점수를 계산할 수 있을까?

④ 학생 두 명의 점수 차가 3점이라면, 표준점수의 차도 3일까?

(해답은 312쪽에)

본문에는 평균이 같아도 분산이 다르면 100점의 '대단함'도 달라진다는 이야기가 나왔다(137쪽). 아래의 시험 결과 A와 시험 결과 B는 학생 10명이 받은 시험 결과로, 모두 평균이 50점이다. 시험 결과 A와 시험 결과 B에서 각각 100점에 대한 표준점수를 구하시오.

수험번호	1	2	3	4	5	6	7	8	9	10
점수	0	0	0	0	0	100	100	100	100	100

시험 결과 A

수험번호	1	2	3	4	5	6	7	8	9	10
점수	0	30	35	50	50	50	50	65	70	100

시험 결과 B

(해답은 319쪽에)

●●● 문제 3-4 (정규분포와 '34, 14, 2')

본문에서는 정규분포의 그래프를 표준편차 σ의 간격으로 구역을 나누면 대략 34%, 14%, 2%의 비율이 된다는 내용을 다루었다(167쪽).

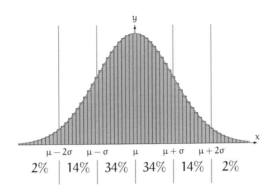

정규분포

데이터의 분포가 정규분포에 가깝다고 가정할 때, 아래의 부등식을 만족하는 수치 x의 개수가 전체에서 차지하는 대략적인 비율을 구하시오. 단 μ은 평균, σ는 표준편차를 나타낸다고 가정한다.

① $\mu - \sigma < x < \mu + \sigma$

② $\mu - 2\sigma < x < \mu + 2\sigma$

③ $x < \mu + \sigma$

④ $\mu + 2\sigma < x$

(해답은 322쪽에)

동전을 10번 던졌을 때

"앞면이 나올까, 뒷면이 나올까? 둘 중 하나."

여기는 고등학교 도서관. 그리고 지금은 방과 후. 책을 읽고 있
는데 테트라가 혼잣말을 하며 내 곁으로 다가왔다.

테트라 역시 오해인가?

나 테트라, 무슨 오해?

테트라 아, 선배! 무라키 선생님께서 카드를 주셨는데요. 그
    게…, 엄청 간단한 문제예요.

무라키 선생님은 우리에게 종종 카드를 주신다. 카드에는 재미
있는 문제나 수수께끼 같은 수식이 적혀 있다.

나 간단한데 오해를 불러일으키는 문제야?

테트라 네? 아, 아니요! 'five times', 5회요! 선배야말로 제 말
    을 오해했네요.

나 아, 그 말이었구나. 그런데 무라키 선생님께서 어떤 문제
    를 주셨어?

테트라 이거예요!

동전을 10번 던지면
앞면은 몇 번 나올까?

나 이것뿐이야?

테트라 네, 이게 끝이에요.

나 동전을 10번 던지면 앞면은 몇 번 나올까? 뭔가 혼잣말 같
　은 문제네. 테트라는 동전을 10번 던지면 그 절반인 5번 정
　도 앞면이 나온다고 생각하는 거야?

테트라 네, 그렇게 생각해요!

테트라는 고개를 작게 끄덕였다.

나 흐음. 하지만 동전을 10번 던질 때, **항상 앞면이 5번 나오는
　건 아니잖아.**

테트라 네, 알고 있어요. 앞면이 4번 나올 때도 있고, 5번 나올

때도 있고, 6번 나오기도 하고요…. 어떨 때는 10번 모두 앞면이 나오기도 하죠. 동전을 10번 던질 때, 앞면은 1번부터 10번까지, 뭐든지 나올 가능성이 있어요.

나 그렇지. 그리고 0번이 나올 가능성도 있고.

테트라 아, 맞아요! 0번! 전부 뒷면이 나올 경우군요. 동전을 10번 던지면 앞면은 0번부터 10번까지 나올 모든 가능성이 있는 거예요.

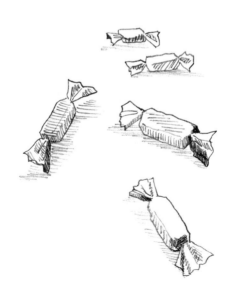

테트라와 나의 생각

동전을 10번 던졌을 때, 앞면이 나올 횟수는 0번부터 10번까지 모든 가능성이 존재한다. 예를 들어 아래와 같다.

(뒤)(뒤)(뒤)(뒤)(뒤)(뒤)(뒤)(뒤)(뒤)(뒤) 앞면이 0번 나왔을 경우

(뒤)(뒤)(앞)(뒤)(뒤)(뒤)(뒤)(뒤)(뒤)(뒤) 앞면이 1번 나왔을 경우

(앞)(뒤)(뒤)(뒤)(뒤)(뒤)(앞)(뒤)(뒤)(뒤) 앞면이 2번 나왔을 경우

(뒤)(앞)(뒤)(뒤)(앞)(뒤)(뒤)(뒤)(앞)(뒤) 앞면이 3번 나왔을 경우

(뒤)(앞)(앞)(뒤)(뒤)(앞)(뒤)(뒤)(뒤)(앞) 앞면이 4번 나왔을 경우

(뒤)(뒤)(앞)(뒤)(앞)(뒤)(앞)(앞)(앞)(뒤) 앞면이 5번 나왔을 경우

(뒤)(앞)(앞)(뒤)(앞)(앞)(앞)(앞)(뒤)(뒤) 앞면이 6번 나왔을 경우

(뒤)(앞)(앞)(앞)(앞)(앞)(앞)(뒤)(앞)(뒤) 앞면이 7번 나왔을 경우

(앞)(뒤)(앞)(앞)(뒤)(앞)(앞)(앞)(앞)(앞) 앞면이 8번 나왔을 경우

(앞)(앞)(앞)(뒤)(앞)(앞)(앞)(앞)(앞)(앞) 앞면이 9번 나왔을 경우

(앞)(앞)(앞)(앞)(앞)(앞)(앞)(앞)(앞)(앞) 앞면이 10번 나왔을 경우

테트라 그러니까 결국 무라키 선생님이 주신 카드의 질문에 '앞면이 몇 번 나온다'라고 정확하게 대답할 수 없어요. 하지만 저는 이 카드가 대략 몇 번 정도 앞면이 나오는지 묻고 있다

고 생각해요.

나 그렇구나. 그럼 무라키 선생님이 테트라에게 이 카드를 주
실 때, 다른 말씀은 없으셨어?

테트라 아뇨, 특별한 말씀은 없으셨어요. 제가 표준점수에 대
한 보고서를 들고 가니까 선생님이 이 카드를 주신 거예요.

나 아, 표준점수에 대한 보고서를 썼구나.

테트라 네. 지난번에 배운 내용을 정리해서….

나 하하. 그럼 무라키 선생님은 그와 '관련된 문제'로 이 카드
를 주신 거네.

테트라 관련된 문제요?

나 응. 표준점수에서 **평균**과 **표준편차**가 매우 중요한 역할을
하고 있었지? 그러니까 동전을 10번 던졌을 때, '앞면이 나
올 횟수'의 평균과 표준편차를 계산하면 아주 재미있을지
도 몰라.

테트라 아하! 그렇군요!

4-2 '앞면이 나올 횟수'의 평균

나 먼저 '앞면이 나올 횟수'의 평균부터 구해보자.

동전을 10번 던질 때, '앞면이 나올 횟수'의 평균 μ을 구하
여라.

테트라 평균은 전부 더해서 11로 나누면 되는 거죠?

나 응?

테트라 아니, 0번부터 10번까지 '11가지'가 있으니 '11'로 나
누면 되는 거잖아요.

나 테트라, 지금 착각을 하고 있는 거 같아.

테트라 동전의 '앞면이 나올 횟수'의 평균을 구하는 거잖아요?
방금 말한 것처럼 '앞면이 나오는 횟수'는 0번, 1번, 2번, …,
그리고 10번 중 하나일 거예요. '앞면이 나올 횟수'를 모두
더해서 11로 나누면 되지 않을까요? 계산하면…, 역시 5가
나오네요!

앞면이 나올 횟수의 평균 (?)

$$\frac{0+1+2+3+4+5+6+7+8+9+10}{11} = \frac{55}{11} = 5$$

나 잠깐, 테트라. 침착하게 잘 생각해봐. 지금 무엇의 평균을
구하고 있지?

테트라 '앞면이 나올 횟수'의 평균이요….

나 응, 틀린 말은 아니지만 조금 더 보충해보자. 지금 우리는 '동
전 10번 던지기'라는 **시행**을 여러 번 반복했을 때, 평균적으
로 얼마나 '앞면이 나오는지'를 알고 싶은 거잖아?

테트라 '동전 10번 던지기'라는 시행을 여러 번 반복한다….
선배 말이 맞아요. 저는 그렇게 깊게 생각하진 않았는데….

첫 번째 시행 (뒤)(앞)(뒤)(앞)(뒤)(뒤)(앞)(뒤)(뒤)(뒤) 앞면은 3번 나온다.

두 번째 시행 (뒤)(뒤)(앞)(뒤)(앞)(앞)(앞)(뒤)(뒤)(앞) 앞면은 5번 나온다.

세 번째 시행 (앞)(뒤)(앞)(뒤)(뒤)(뒤)(앞)(뒤)(뒤)(앞) 앞면은 4번 나온다.

⋮

'동전 10번 던지기'라는 시행을 여러 번 반복하는 사례

나 지금 테트라가 적은

$$\frac{0+1+2+3+4+5+6+7+8+9+10}{11}$$

이라는 계산은 마치 '앞면이 0번 나온다', '앞면이 1번 나온

다', '앞면이 2번 나온다', ⋯, '앞면이 10번 나온다'라는 11
가지의 경우가 모두 같은 확률로 일어난다고 생각하는 거
야. 0부터 10까지의 숫자에 각각 $\frac{1}{11}$ 을 곱해서 모두 더했을
뿐이야.

$$\frac{0+1+2+3+4+5+6+7+8+9+10}{11}$$
$$= \frac{0}{11} + \frac{1}{11} + \frac{2}{11} + \frac{3}{11} + \frac{4}{11} + \frac{5}{11} + \frac{6}{11} + \frac{7}{11} + \frac{8}{11} + \frac{9}{11} + \frac{10}{11}$$

테트라 어라? 이건⋯, 이상해요.

나 '동전 10번 던지기'라는 시행을 1세트 했을 때, '앞면이 나
올 횟수'가 같은 확률이라고는 말할 수 없어. 그래서 단순하
게 더하고 나누면 안 되는 거야.

테트라 아하⋯.

나 앞면이 평균적으로 몇 번 나올지를 알고 싶은 거니까 '앞면
이 나올 횟수'에 '그 횟수가 될 확률'을 곱해. 횟수에 확률이
라는 무게를 달아서 모두 더하는 거야. 가중평균인 셈이지.

테트라 ⋯그렇군요.

나 아까 문제 1에서는 '평균'이라고 말해서 오해했을지도 모르
겠네. **기댓값**이라는 표현이 더 적절할지도 모르겠다.

테트라 기댓값?

나 응, 기댓값. '앞면이 나올 횟수'의 평균적인 값을 '앞면이 나올 횟수'의 **기댓값**이라고 해. 그리고 '앞면이 나올 횟수'의 기댓값은 '앞면이 나올 횟수'에 '그 횟수가 될 확률'을 곱해서 모두 더하는 거야.

테트라 '앞면이 나올 횟수'에 '그 횟수가 될 확률'을 곱한다….

나 예를 들어 '앞면이 k번 나올 확률'을 P_k라고 한다면, $0 \times P_0$, $1 \times P_1$, $2 \times P_2$로 이어져서 $10 \times P_{10}$까지 더해주는 거지.

테트라 그 말은

$$0 \times P_0 + 1 \times P_1 + 2 \times P_2 + \cdots + 10 \times P_{10}$$

이라는 건가요?

나 맞아. 그게 '앞면이 나올 횟수'의 기댓값이야.

동전을 10번 던졌을 때, '앞면이 나올 횟수'의 기댓값

'앞면이 나올 횟수'의 기댓값은

$$0 \times P_0 + 1 \times P_1 + 2 \times P_2 + \cdots + 10 \times P_{10}$$

으로 구할 수 있다. 단 P_k는 '앞면이 k번 나올 확률'이다.

테트라 그런데…, 평균과 기댓값은 같은 말 아닌가요?

나 응. 평균은 기댓값과 같다고 생각해도 되는데, 기댓값이라는 표현은 **확률변수**에 대해 사용해.

테트라 확률변수?

나 우리가 했던 이야기에서는 '앞면이 나올 횟수'가 확률변수인 거지. 다시 말해 '동전 던지기 10번'이라는 시행을 할 때, 구체적인 값이 정해지는 것을 확률변수라고 해.

테트라 '동전을 10번 던진다'에서는 시행 때마다 앞면이 0번 나오거나, 3번, 10번 나오는데 그걸 확률변수라고 하는 건가요?

나 확률변수는 '앞면이 나올 횟수'이고, 0이나 3, 10 등은 확률변수의 값이라고 할 수 있어.

테트라 그렇군요.

나 '앞면이 나올 횟수'가 확률변수이고 그 구체적인 값은 시행할 때마다 변해. 그리고 확률변수의 평균적인 값을 기댓값이라고 하지. 따라서 평균과 기댓값은 거의 같은 의미라고 생각하면 돼.

테트라 기댓값이라는 표현은 '앞면이 몇 번 나온다고 기대할 수 있을까?'라는 의미죠?

나 바로 그거야! 그리고 기댓값을 구하기 위해서는 확률변수

하나하나의 값을 어떤 확률로 얻을 수 있는지를 생각해서, 무게를 더한 평균을 계산하는 거야.

테트라 여기에서 무게는 확률이고요.

나 그렇지. 확률이 높으면 그 값이 나오기 쉽고, 확률이 낮으면 그 값은 나오기 어려워. 확률변수의 값에 대해, 확률이라는 무게를 고려한 평균이 바로 기댓값인 거야.

테트라 어느 정도 머릿속에 이미지가 그려져요. '앞면이 나올 횟수'의 기댓값을 구할 때의

$$0 \times P_0 + 1 \times P_1 + 2 \times P_2 + \cdots + 10 \times P_{10}$$

라는 식은 k에 P_k라는 무게를 고려한 평균을 계산하는 거네요.

나 바로 그거지.

테트라 다시 말해 '앞면이 나올 횟수'의 기댓값을 구하고 싶으면 여기에 나오는 P_0, P_1, P_2, $\cdots$, P_{10}을 각각 계산하면 되나요?

나 응. 그럼 이제 앞면이 k번 나올 확률 P_k를 계산해 보자!

●●● **문제 2 (확률 구하기)**

동전을 10번 던질 때, 앞면이 k번 나올 확률을 P_k라고 한다. P_k를 구하여라.

테트라 이건 어렵지 않죠!

나 그렇지? 동전을 10번 던질 때의 모든 경우를 고려해서….

테트라 잠깐만요, 선배.

테트라는 나를 향해 손바닥을 펼쳤다. '잠깐만 기다려 달라'라는 신호다.

테트라 명예 회복을 위해 이번에는 제대로 대답할 거예요! 동전을 10번 던질 때, 앞면이 k번 나올 확률 P_k를 구하는 거죠?

나 응.

테트라 그 말은…,

$$\langle\text{앞면이 k번 나올 확률 } P_k\rangle = \frac{\langle\text{앞면이 k번 나오는 경우의 수}\rangle}{\langle\text{모든 경우의 수}\rangle}$$

라는 식으로 구할 수 있어요!

나 그렇지. 동전을 10번 던졌을 때의 '모든 경우'는 같은 확률로 일어나니까.

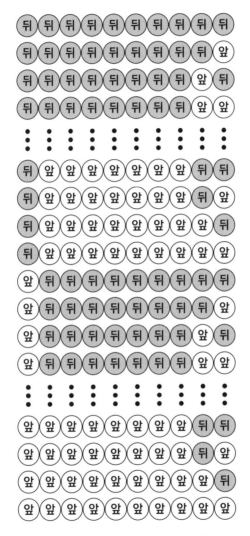

동전을 10번 던졌을 때 나오는 '모든 경우'

테트라 네. 동전을 10번 던졌을 때, 모든 경우의 수는 2^{10}가지 예요. 첫 번째가 '앞과 뒤'로 두 가지가 있고 각 차수에 대해 두 번째도 '앞과 뒤'로 두 가지, …이렇게 반복하면 모든 경우의 수는

$$\underbrace{2 \times 2 \times 2 \times 2 \times 2 \times 2 \times 2 \times 2 \times 2 \times 2}_{\text{10개}} = 2^{10}$$

가 되니까요.

나 맞아.

테트라 그리고 10번 중에 앞면이 k번 나오는 경우의 수는 10개 중에 k개를 선택하는 조합을 생각하면 되니까,

$$_{10}C_k = \binom{10}{k} = \frac{10!}{k!(10-k)!}$$

가 되고요.[*]

나 응, 좋아.

테트라 따라서 구하고 싶은 확률 P_k는

---

[*] 《수학 소녀의 비밀 노트 – 두근두근 경우의 수》 참고.

$$P_k = \frac{1}{2^{10}} \times \binom{10}{k}$$

$$= \frac{1}{2^{10}} \times \frac{10!}{k!(10-k)!}$$

가 돼요.

나 테트라, 대단해! 한 번에 맞췄어!

테트라 아, 감사합니다! 지금까지는 그래도 괜찮은데, 이제 계산이 복잡해질 것 같아요.

나 활력 소녀 테트라가 약한 소리를 하다니, 신기하네.

테트라 열심히 하면 어떻게든 풀 수 있겠죠? …일단 P_0부터 생각해 볼게요. k = 0을 대입하면 되니까요.

$$P_0 = \frac{1}{2^{10}} \times \frac{10!}{0!(10-0)!}$$

$$= \frac{1}{2^{10}} \times \frac{10!}{1 \times 10!} \qquad 0! = 1이다$$

$$= \frac{1}{2^{10}} \qquad\qquad 10!로 약분한다$$

나 구했구나.

테트라 $P_0 = \frac{1}{2^{10}}$이죠?

나 맞아. P_0은 '앞면이 0번 나올 확률'이기 때문에 10번 모두 뒷면이 나오는 경우를 말해. 이건 2^{10}가지 중에 오직 한 가지밖에 없어. 그래서 $P_0 = \frac{1}{2^{10}}$의 분자는 1이 되지.

앞면이 0번 나오는 경우는 한 가지

테트라 그렇군요.

나 마찬가지로 P_1도 바로 구할 수 있겠지?

테트라 네!

$$P_1 = \frac{1}{2^{10}} \times \frac{10!}{1!(10-1)!}$$

$$= \frac{1}{2^{10}} \times \frac{10!}{9!}$$

$$= \frac{1}{2^{10}} \times \frac{10 \times 9!}{9!} \qquad 10! = 10 \times 9!\text{이다}$$

$$= \frac{10}{2^{10}} \qquad\qquad 9!\text{로 약분한다}$$

테트라 P_1도 간단하네요. $P_1 = \frac{10}{2^{10}}$이니까 약분하면 $\frac{5}{2^9}$가 돼요.

나 아, 약분은 하지 않는 게 좋아. 그게 더 의미를 쉽게 이해할 수 있거든. P_1은 '앞면이 1번만 나올 확률'이야. 1번째만 앞면인 경우, 2번째만 앞면인 경우, …그리고 10번째만 앞면이 나오는 경우가 있지. 즉 10가지야. 약분하지 않고 분모를 모두 2^{10}으로 통일하면, $P_1 = \frac{10}{2^{10}}$의 분자도 10이 되는 거지.

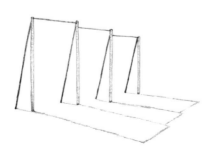

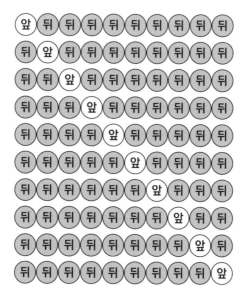

앞면이 1번 나오는 경우는 10가지

테트라 그렇군요. 이해했어요. 그렇다면 다음 P_2를 구해볼게요!

$$P_2 = \frac{1}{2^{10}} \times \frac{10!}{2!(10-2)!}$$

$$= \frac{1}{2^{10}} \times \frac{10!}{2 \times 8!} \qquad 2! = 2 \times 1 = 2 \text{이다}$$

$$= \frac{1}{2^{10}} \times \frac{10 \times 9 \times 8!}{2 \times 8!} \qquad 10! = 10 \times 9 \times 8! \text{이다}$$

$$= \frac{1}{2^{10}} \times \frac{10 \times 9}{2} \qquad 8! \text{로 약분한다}$$

$$= \frac{45}{2^{10}}$$

테트라 너무 당연한 이야기지만 이것도 분모가 2^{10}이 돼요.

나 $P_2 = \frac{45}{2^{10}}$의 분자는 45야. 1, 10, 45, …슬슬 눈치챌 때가 됐는데?

테트라 뭐를요?

나 하나하나 계산하지 않고 **파스칼의 삼각형**을 이용하면 된다는 사실을 말이야.

테트라 앗!

4-4 파스칼의 삼각형

테트라 그렇네요! 10개 중에서 k개를 선택하는 조합의 수는 파스칼의 삼각형으로 바로 알 수 있어요! 우와….

파스칼의 삼각형

```
                    1
                 1     1
              1     2     1
           1     3     3     1
        1     4     6     4     1
     1     5    10    10     5     1
  1     6    15    20    15     6     1
1     7    21    35    35    21     7     1
1  8    28    56    70    56    28     8     1
1  9   36   84   126  126   84    36    9    1
1  10  45  120  210  252  210  120  45  10   1
```

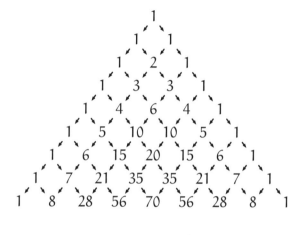

파스칼의 삼각형 만드는 방법

각 행의 양 끝에 1을 배치하고, 이웃하는 수를 더해 다음 행의 숫자로 내리면 파스칼의 삼각형을 만들 수 있다.

나 1, 10, 45, 120, 210, 252, 210, 120, 45, 10, 1이라는 수열이 $\binom{10}{k}$에서 k = 0, 1, 2, ⋯, 10에 대응하니까, 이를 잘 활용하면 기댓값 μ의 계산도 할 수 있어.

$$1 \quad 10 \quad 45 \quad 120 \quad 210 \quad 252 \quad 210 \quad 120 \quad 45 \quad 10 \quad 1$$

$$\binom{10}{0} \quad \binom{10}{1} \quad \binom{10}{2} \quad \binom{10}{3} \quad \binom{10}{4} \quad \binom{10}{5} \quad \binom{10}{6} \quad \binom{10}{7} \quad \binom{10}{8} \quad \binom{10}{9} \quad \binom{10}{10}$$

파스칼의 삼각형으로 조합의 수를 얻을 수 있다

테트라 '앞면이 나올 횟수'로 이런 그래프를 그릴 수 있어요.

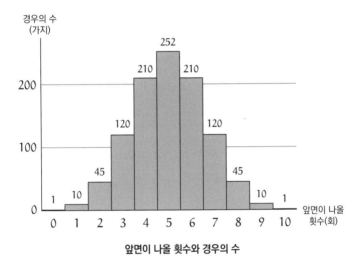

앞면이 나올 횟수와 경우의 수

나 맞아. 앞면이 5번 나오는 경우는 252가지나 있는 거야.

테트라 파스칼의 삼각형으로 조합의 수를 알았으니, 이제 확률 P_k와 기댓값을 계산할 수 있어요!

$$\mu = 0 \cdot P_0 + 1 \cdot P_1 + 2 \cdot P_2 + \cdots + 10 \cdot P_{10}$$

$$= 0 \cdot \frac{1}{2^{10}} \binom{10}{0} + 1 \cdot \frac{1}{2^{10}} \binom{10}{1} + 2 \cdot \frac{1}{2^{10}} \binom{10}{2} + \cdots + 10 \cdot \frac{1}{2^{10}} \binom{10}{10}$$

$$= \frac{1}{2^{10}} \left\{ 0 \cdot \binom{10}{0} + 1 \cdot \binom{10}{1} + 2 \cdot \binom{10}{2} + \cdots + 10 \cdot \binom{10}{10} \right\}$$

$$= \frac{1}{2^{10}} (0 \cdot 1 + 1 \cdot 10 + 2 \cdot 45 + 3 \cdot 120 + 4 \cdot 210$$
$$+ 5 \cdot 252 + 6 \cdot 210 + 7 \cdot 120 + 8 \cdot 45 + 9 \cdot 10 + 10 \cdot 1)$$

$$= \text{그러니까} \cdots$$

나 아, 그 부분은 대칭성을 이용하는 게 좋아. 파스칼의 삼각형은 좌우가 대칭이니까 잘 맞추면 곱셈을 줄일 수 있지. 1, 10, 45, 120, 210을 곱하고 있는 것끼리 묶는 거야.

테트라 그렇군요.

$$\mu = \frac{1}{2^{10}} (0 \cdot 1 + 1 \cdot 10 + 2 \cdot 45 + 3 \cdot 120 + 4 \cdot 210$$
$$+ 5 \cdot 252 + 6 \cdot 210 + 7 \cdot 120 + 8 \cdot 45 + 9 \cdot 10 + 10 \cdot 1)$$

$$= \frac{1}{2^{10}} \{(0 + 10) \cdot 1 + (1 + 9) \cdot 10 + (2 + 8) \cdot 45 + (3 + 7) \cdot 120$$
$$+ (4 + 6) \cdot 210 + 5 \cdot 252\}$$

$$= \frac{1}{2^{10}} (10 \cdot 1 + 10 \cdot 10 + 10 \cdot 45 + 10 \cdot 120 + 10 \cdot 210 + 5 \cdot 252)$$

테트라 앗! 이번에는 10으로 묶을 수 있어요!

$$\mu = \frac{1}{2^{10}} (10 \cdot 1 + 10 \cdot 10 + 10 \cdot 45 + 10 \cdot 120 + 10 \cdot 210 + 5 \cdot 252)$$

$$= \frac{1}{2^{10}} \{10 \cdot (1 + 10 + 45 + 120 + 210) + 5 \cdot 252\}$$

$$= \frac{1}{2^{10}} (10 \cdot 386 + 5 \cdot 252)$$

$$= \frac{1}{2^{10}} (3860 + 1260)$$

$$= \frac{5120}{1024}$$

$$= 5$$

테트라 완성했어요! 기댓값은 역시 5네요.

●●● **해답 1 (평균 구하기)**

동전을 10번 던질 때, '앞면이 나올 횟수'의 평균(기댓값)을 μ라고 하면,

$$\mu = 5$$

이다.

나 응, 맞아.

테트라 평균, 즉 기댓값은 5이고…. 앗, 선배. 그런데 $\mu = 5$는

198

너무 당연한 이야기 아닌가요?

나 갑자기 무슨 소리야?

테트라 파스칼의 삼각형은 좌우 대칭을 이루고 있어요. 그러니까 0부터 10까지의 정중앙에 기댓값이 오는 것은 너무 당연하잖아요!

나 그렇구나! 평균은 중심이니까 당연한 거네.

4-5 이항정리

테트라 파스칼의 삼각형을 이용하니 계산이 한결 편해졌어요.

나 방금 테트라는 이항정리와 비슷한 계산을 한 거야.

이항정리

$$(x+y)^n$$

$$=\binom{n}{0}x^0y^{n-0}+\binom{n}{1}x^1y^{n-1}+\binom{n}{2}x^2y^{n-2}+\cdots+\binom{n}{n}x^ny^{n-n}$$

$$=\sum_{k=0}^{n}\binom{n}{k}x^ky^{n-k}$$

테트라 음. 이항정리를 알긴 하지만…. 어떤 부분에서 비슷하

다고 할 수 있나요?

나 응? 이항정리는 $(x + y)^n$을 전개하는 식인데, 전개할 때는

'x와 y 중 무엇을 선택할까'라는 것을 'n번' 반복하잖아. 예

를 들어 $n = 10$이라면 이런 식으로 말이야.

$$(x+y)(x+y)(x+y)(x+y)(x+y)(x+y)(x+y)(x+y)(x+y)(x+y)$$
$$\downarrow$$
$$xyxxyyyxxx$$

테트라 네. 10개의 $(x + y)$ 중에 x를 6개 선택하고, 나머지는 y

를 선택했기 때문에 $xyxxyyyxxx$, 즉 x^6y^4라는 항이 완성

된다. 그리고 x^6y^4라는 항은 $\binom{10}{6}$개 있다…, 맞죠?

나 그렇지. 그 이항정리에서 'x 또는 y'를 '앞면과 뒷면'으로 생

각하면 둘은 똑같다고 할 수 있어.

$$(앞, 뒤)(앞, 뒤)(앞, 뒤)(앞, 뒤)(앞, 뒤)(앞, 뒤)(앞, 뒤)(앞, 뒤)(앞, 뒤)(앞, 뒤)$$
$$\downarrow$$
$$앞뒤앞앞뒤뒤뒤앞앞앞$$

테트라 와! 그렇군요! 완전 같은 작업을 하고 있어요!

4-6 '앞면이 나올 횟수'의 표준편차

테트라 그럼 이제 '앞면이 나올 횟수'의 표준편차 σ를 구해 볼 게요.

●●● 문제 3 (표준편차 σ 구하기)
동전을 10번 던질 때, '앞면이 나올 횟수'의 표준편차 σ를 구하여라.

나 표준편차 σ는 $\sqrt{\text{분산}}$이니까 먼저 σ^2을 구해 볼까? 분산은 '편차 제곱의 평균', 즉 '편차 제곱의 기댓값'이니까 편차의 제곱에 확률이라는 무게를 곱하면, 이렇게 나오겠지?

$$\sigma^2 = \underbrace{(0-5)^2 P_0}_{\text{편차의 제곱}} + \underbrace{(1-5)^2 P_1}_{\text{편차의 제곱}} + \underbrace{(2-5)^2 P_2}_{\text{편차의 제곱}} + \cdots + \underbrace{(10-5)^2 P_{10}}_{\text{편차의 제곱}}$$

테트라 여기에서 5를 빼는 이유는 평균이 5이기 때문이죠?

나 맞아. 평균을 빼서 편차를 구하는 거지.

k	'앞면이 나올 횟수'
$k - \mu$	'앞면이 나올 횟수'의 편차
$(k - \mu)^2$	'앞면이 나올 횟수'의 편차의 제곱

테트라 네, 이해했어요.

나 따라서 σ^2을 $\sum$로 쓰면 이렇게 돼.

$$\sigma^2 = \sum_{k=0}^{10} \underbrace{(k - \mu)^2}_{\text{편차의 제곱}} P_k = \sum_{k=0}^{10} (k - 5)^2 P_k$$

테트라 알았어요! 이제 제가 전개해 볼게요. 먼저 $(k - 5)^2 = k^2 - 10k + 5^2$이니까….

나 전개하지 말고 이 공식을 사용하는 거야!*

$$\langle \text{분산} \rangle = \langle \text{제곱의 평균} \rangle - \langle \text{평균의 제곱} \rangle$$

---

* 제3장 133쪽 참조.

테트라 아아. 이 공식을 이렇게 사용하는 거군요!

나 기댓값을 사용해서 다시 써 보자.

$$\langle 분산 \rangle = \langle 제곱의\ 기댓값 \rangle - \langle 기댓값의\ 제곱 \rangle$$

테트라 아하.

나 기댓값은 μ이니까 분산 σ^2는 이렇게 얻을 수 있어.

$$\begin{aligned}
\sigma^2 &= \langle 제곱의\ 기댓값 \rangle - \langle 기댓값의\ 제곱 \rangle \\
&= \sum_{k=0}^{10} k^2 P_k - \mu^2 \\
&= \sum_{k=0}^{10} k^2 P_k - 25 \qquad\qquad \mu^2 = 5^2 = 25 \text{이다}
\end{aligned}$$

테트라 나머지는 $\displaystyle\sum_{k=0}^{10} k^2 P_k \cdots$, 그러니까

$$0^2 P_0 + 1^2 P_1 + 2^2 P_2 + \cdots + 10^2 P_{10}$$

이라는 식을 끈기 있게 계산하면 되는 거네요. 이건 저도 할 수 있어요. 평균 μ를 구할 때처럼 $\frac{1}{2^{10}}$으로 묶으면 파스칼의 삼각형이잖아요!

나 바로 그거야!

$$\sigma^2 = \langle 제곱의\ 기댓값 \rangle - \langle 기댓값의\ 제곱 \rangle$$

$$= \sum_{k=0}^{10} k^2 P_k - 25$$

$$= 0^2 P_0 + 1^2 P_1 + 2^2 P_2 + \cdots + 10^2 P_{10} - 25$$

$$= \frac{1}{2^{10}} (0^2 \cdot 1 + 1^2 \cdot 10 + 2^2 \cdot 45 + 3^2 \cdot 120 + 4^2 \cdot 210 + 5^2 \cdot 252$$
$$+ 6^2 \cdot 210 + 7^2 \cdot 120 + 8^2 \cdot 45 + 9^2 \cdot 10 + 10^2 \cdot 1) - 25$$

$$= \frac{1}{2^{10}} \{(0 + 100) \cdot 1 + (1 + 81) \cdot 10 + (4 + 64) \cdot 45 + (9 + 49) \cdot 120$$
$$+ (16 + 36) \cdot 210 + 25 \cdot 252\} - 25$$

$$= \frac{1}{2^{10}} (100 \cdot 1 + 82 \cdot 10 + 68 \cdot 45 + 58 \cdot 100 + 52 \cdot 210 + 25 \cdot 252) - 25$$

$$= \frac{1}{2^{10}} (100 + 820 + 3060 + 6960 + 10920 + 6300) - 25$$

$$= \frac{28160}{2^{10}} - 25$$

$$= \frac{28160}{1024} - 25$$

$$= 27.5 - 25$$

$$= 2.5$$

나 이번에도 파스칼의 삼각형이 가진 대칭성을 활용했어.

테트라 맞아요. 그런데 $\frac{28160}{1024}$ 이라는 엄청난 값이 도출되었는데도, 결국 27.5로 딱 떨어지네요…. 너무 신기해요. 혹시 제 계산이 틀렸을까요?

나 아니, 그렇지 않아. 어쨌든 분산 $\sigma^2 = 2.5$가 되었으니 표준편차는 $\sigma = \sqrt{2.5}$야. 1.5와 1.6 사이의 어딘가에 있는 값이지.

테트라 앗?! 선배는 $\sqrt{2.5}$의 값을 외우고 있어요?!

나 아니, 아니. $15^2 = 225$와 $16^2 = 256$을 암기하고 있을 뿐이야. 250은 225와 256의 사이에 있는 값이니까 $\sqrt{2.5}$는 1.5와 1.6의 사이가 되는 거지.

$$225 \quad < \quad 250 \quad < \quad 256$$
$$15^2 \quad < \quad 250 \quad < \quad 16^2$$
$$\sqrt{15^2} \quad < \quad \sqrt{250} \quad < \quad \sqrt{16^2}$$
$$15 \quad < \quad \sqrt{250} \quad < \quad 16$$
$$1.5 \quad < \quad \sqrt{2.5} \quad < \quad 1.6$$

테트라 그렇군요. 그 말은 σ는 1.5 어쩌고저쩌고하면서….

나 계산기를 사용하면 더 정확하게 구할 수 있어. 어쨌든 $\sigma = \sqrt{2.5}$라는 사실을 알았어.

동전을 10번 던질 때, '앞면이 나올 횟수'의 표준편차를 σ
라고 하면,

$$\sigma = \sqrt{2.5}$$

가 된다 $(1.5 < \sigma < 1.6)$.

테트라 구했어요….

나 꽤 힘들었지?

테트라 선배, 지금까지 했던 이야기를 조금만 정리해 주세요.
계산을 시작하면 저는 계산에 너무 몰입해버려서요. 반복하
지 않으면 금방 길을 잃고 말아요….

- '동전 10번 던지기'에 대해 생각해 봅시다.
- '앞면이 나올 횟수'를 매번 맞힐 수는 없습니다.
- 물론 '앞면이 나올 횟수'는 0번부터 10번까지이지만요.
- 그래서 평균적으로 앞면이 몇 번 나올지를 생각하려고
  합니다.

나 평균적으로 앞면이 몇 번 나올까? 그게 바로 기댓값이야.

테트라 네!

- '앞면이 나올 횟수'에 '앞면이 그 횟수가 될 확률'이라는 무게를 곱해서 모두 더합니다.
- 그럼 '앞면이 나올 횟수'의 **기댓값**을 얻을 수 있습니다.
- 기댓값을 구하기 위해 '앞면이 k번 나올 확률 P_k'를 구합니다.
- 이때 '10번 중에서 앞면이 k번 나올 경우의 수'를 계산합니다.
- 이는 10개 중에서 k개를 선택하는 조합과 같습니다.
- 조합의 수는 파스칼의 삼각형을 활용해 간단히 구할 수 있습니다.
- 이렇게 $\mu = 5$라는 기댓값을 얻었습니다.
- 따라서 앞면은 평균적으로 5번 나온다고 말할 수 있습니다.

나 그럼 다음은 표준편차를 말해보자.

테트라 네.

- 표준편차 σ는 $\sqrt{\text{분산}}$ 이므로 분산을 먼저 구합니다.
- 분산은 '편차 제곱'의 평균(기댓값)으로 계산할 수 있습니다.
- 분산은 '편차 제곱'에 확률을 곱하고 모두 더해 구합니다.
- 실제 계산에서는,

  〈분산〉 = 〈제곱의 기댓값〉 − 〈기댓값의 제곱〉

  을 사용하였습니다.
- 파스칼의 삼각형을 사용해 이를 계산하면

$$\sigma^2 = 2.5$$

이며, 다시 말해 표준편차 σ는

$$\sigma = \sqrt{2.5}$$

라는 결과를 얻을 수 있습니다.

나 확실하게 복습했지?

테트라 계산은 매우 힘들었지만, 일단은 그럭저럭 잘 마무리했네요. 파스칼의 삼각형 덕분에 살았어요!

나 테트라가 잘 정리해준 덕분에 나도 머릿속에서 정리할 수 있었어. 그래프까지 그려주다니, 정말 고마워.

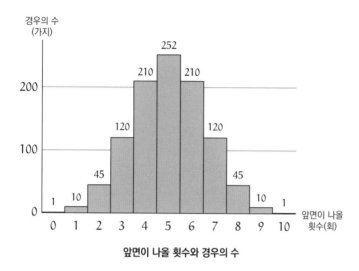

앞면이 나올 횟수와 경우의 수

테트라 아니에요, 저 혼자였으면 계산은 불가능했을 거예요. 어쩌든 기댓값은 5, 표준편차는 $\sqrt{2.5}$네요.

나 그럼 '앞면이 몇 번 나올까'라는 무라키 선생님의 질문에 우리 나름대로 답을 내릴 수 있을까? '앞면이 나올 횟수의 기댓값은 5, 표준편차는 $\sqrt{2.5}$이다'라고 말이지.

테트라 네….

나 물론 테트라가 그린 그래프 자체도 '앞면이 몇 번 나올까'에 대한 대답이야. 그래프를 보고 '앞면이 나올 횟수'의 확률을 바로 알 수 있으니까 말이야.

테트라 네!

나 기댓값이 5이기 때문에 앞면은 평균적으로 5번 나온다고 말할 수 있어. 게다가 표준편차 σ도 구했으니까 혹시 앞면에서 나올 횟수가 평균으로부터 멀어졌을 때, 그 값이 어느 정도로 놀랄 만한 수준인지 알 수 있지.

테트라 맞아요. 분산과 표준편차는 '놀라움의 정도'를 말해주고 있으니까요.

나 그렇지. 이 경우에는 $\sigma = \sqrt{2.5}$니까 약 1.5 정도로 생각하면 $\mu - \sigma$와 $\mu + \sigma$는 각각 약 3.5와 6.5가 돼. 따라서 σ만큼의 '놀라움의 정도'로 생각한다면 '동전을 10번 던질 때, 앞면은 3.5~6.5번 정도 나온다'라고 할 수 있는 거야.

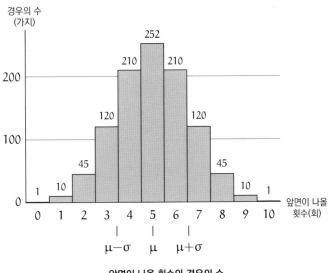

앞면이 나올 횟수와 경우의 수

테트라 아하! 자주 일어날 법한 일을 '축'으로 알게 된 느낌일까요? 그건 정확하게 계산할 수 있죠? 동전을 10번 던졌을 때, 앞면이 4~6번 나올 확률은 알아요. 왜냐하면 파스칼의 삼각형을 통해 앞면이 4, 5, 6번 나올 경우의 수를 알기 때문이에요!

나 오, 맞았어! 그건 $P_4 + P_5 + P_6$을 말해.

$$P_4 + P_5 + P_6 = \frac{\langle \text{앞면이 4~6번 나올 경우의 수} \rangle}{\langle \text{모든 경우의 수} \rangle}$$

$$= \frac{\binom{10}{4} + \binom{10}{5} + \binom{10}{6}}{2^{10}}$$

$$= \frac{210 + 252 + 210}{1024}$$

$$= \frac{672}{1024}$$

$$= 0.65625$$

테트라 0.65625예요.

나 다시 말해 동전을 10번 던질 때, '4~6번의 범위에서 앞면이 나온다'라고 하면 약 65.6%로 맞는다고 할 수 있겠지.

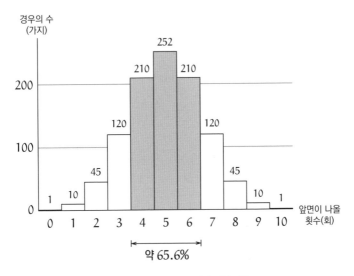

경우의 수
(가지)

252

210   210

200

120   120

100

45   45

1   10   10   1

0   1   2   3   4   5   6   7   8   9   10   앞면이 나올
횟수(회)

약 65.6%

4~6번의 범위에서 앞면이 나올 경우

테트라 …선배, 표준편차는 너무 중요하네요!

나 응, 맞아.

테트라 저는 '평균'에 대해 너무 잘 알고 있어요. 그리고 데이터의 평균을 알면 그 데이터를 이해한다고 생각했어요. '아, 이 데이터의 평균은 이렇구나'라고 말이지요. …그런데 '표준편차'를 안다는 건 더 대단하지 않나요? 평균만으로는 알 수 없는 부분까지 이해할 수 있잖아요! 맞아요, 평균만으로 데이터를 이해하는 기분이 들면 곤란한 거예요.

나 곤란하다는 건 무슨 뜻이야?

테트라 표준점수를 이야기할 때도 생각했어요. 표준점수는 평균이 50, 표준편차가 10이잖아요. 평균이 50이라는 사실은 알고 있지만, 표준편차가 10이라는 것도 제대로 이해해야 하는 거예요! 자신의 성적이 얼마나 대단한지는 표준편차로 알 수 있으니까요.

나 응, 분명 그렇지. 방금 테트라가 한 말은 시험 성적 이외에 다른 곳에도 적용할 수 있어. 조사를 통해 많은 수치를 모아 데이터를 만드는 일은 세상의 다양한 분야에서 하고 있는데, 이때 평균만 생각하면 안 되는 거야. 평균뿐만이 아니라 표준편차도 확인해야 하는 거지. 어떤 값을 보고 얼마나 놀랄 만한 수준인지는 표준편차를 통해 알 수 있으니까….

테트라 맞아요. 평균만 생각하면 오해할 것 같아요!

"앞면이 연속해서 10번이 나올까, 혹은 나오지 않을까? 둘 중의 하나."

제4장의 문제

- - - - - - - - - - - - -

●●● 문제 4-1 (기댓값과 표준편차의 계산)

주사위를 1번 던지면,

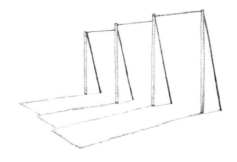

이라는 6가지의 눈이 나온다. 주사위를 1번 던질 때, 나오는 눈의 기댓값과 표준편차를 구해 보자. 단 주사위의 어떠한 눈이든 나올 확률은 $\frac{1}{6}$ 이라고 가정한다.

(해답은 326쪽에)

●●● **문제 4-2 (주사위 게임)**

혼자서 주사위를 던져 점수를 얻는 게임을 한다. 아래의 게임 ①과 게임 ②에 대해, 게임을 한 번 진행했을 때 얻을 수 있는 점수의 기댓값을 각각 구해 보시오.

게임 ①

주사위를 2번 던져서 나오는 눈의 곱이 점수가 된다.
(⚂과 ⚄가 나오면, 점수는 $3 \times 5 = 15$)

게임 ②

주사위를 1번 던져서 나오는 눈의 제곱이 점수가 된다.
(⚃가 나오면, 점수는 $4^2 = 16$)

(해답은 328쪽에)

제5장

던진 동전의 정체

"앞면밖에 없는 동전을 공정하다고 말할 수 있을까?"

나와 테트라는 무라키 선생님의 카드를 앞에 두고 대화를 하고
있었다. 그때 미르카가 다가왔다.

미르카 오늘은 어떤 문제를 보고 있어?

테트라 앗, 미르카 선배! '동전을 10번 던졌을 때 앞면은 몇 번
나올까'라는 문제에 대해 생각하고 있었어요. 무라키 선생님
이 주신 카드를 보면서요.

> 동전을 10번 던지면
> 앞면은 몇 번 나올까?

미르카 0번 이상, 10번 이하 아니야?

나 방금까지 테트라와 그 이야기를 하고 있었어.

내가 대답하자 미르카가 살짝 고민하는 표정을 했다.

테트라 동전을 10번 던졌을 때 '앞면이 나올 횟수'의 기댓값과
　　표준편차를 계산하고 있었어요. 파스칼의 삼각형을 이용하
　　면 손으로도 계산할 수 있어요.

미르카 기댓값은 5이고 표준편차는 $\sqrt{2.5}$지?

나 설마 암산했어?

미르카 일반화하면 **이항분포** B(n, p)의 기댓값은 np이고, 분산
　　은 np(1−p)이 되니까, n = 10일 때 p = $\frac{1}{2}$라면 기댓값은 5
　　가 되지. 그리고 분산은 2.5, 표준편차는 $\sqrt{2.5}$야. 너희의 계
　　산은 어때?

미르카가 우리의 계산을 살펴보았다. 그의 검은 머리카락이
흔들렸다.

나 우린 이렇게 계산했어.

미르카 왜 '**합의 기댓값은 기댓값의 합**'을 사용하지 않았어?

나 합의 기댓값은….

테트라 …기, 기댓값의 합?

미르카 공정한 동전을 1번 던진다고 가정하자. 이때 '앞면이
나올 횟수'의 기댓값은 $\frac{1}{2}$ 이야. 10번 던졌을 때의 기댓값은
그것을 10번만큼 더해주면 돼. 다시 말해 $\frac{1}{2}$ 의 10배인 5가
기댓값이지. **기댓값의 선형성**을 사용하지 않는 방법은 없어.

$$\underbrace{\frac{1}{2} + \frac{1}{2} + \frac{1}{2} + \frac{1}{2} + \frac{1}{2} + \frac{1}{2} + \frac{1}{2} + \frac{1}{2} + \frac{1}{2} + \frac{1}{2}}_{10회분} = \frac{10}{2} = 5$$

테트라 이렇게 간단하게 구하다니! 그런데 기댓값의 선형성
이요?

나 이렇게 해도 괜찮아…?

미르카 기댓값의 선형성은 어떤 확률변수에도 사용할 수 있어서 편리해.

테트라 이항분포, 기댓값의 선형성, 확률변수…. 선배, 많은 단어가 너무 연속해서 나와서 저, 길을 잃고 말았어요!

테트라가 〈비밀 노트〉에 메모하며 말했다.

미르카 그럼 기본적인 이야기부터 정리해보자.

5-2 기댓값의 선형성

미르카 '동전 던지기'와 같은 행위를 **시행**이라고 불러. 무엇을 하나의 시행으로 생각하는지 확인하는 것은 매우 중요해. 예를 들어 '동전 10번 던지기', '동전 1번 던지기', 또는 '주사위 1번 던지기'처럼 말이지.

나 아까는 '동전 10번 던지기'라는 시행을 생각한 거네.

미르카 그리고 시행이 행해질 때 일어날 수 있는 일을 **사건**이라고 해. 다시 말해 **이벤트**인 거지.

테트라 'event'…. '일어날 수 있는 일'이네요.

미르카 그리고 더는 세세하게 나눌 수 없는 사건을 **근원사건**이라고 해. 근원사건에 대해 값이 정해지는 변수를 **확률변수**라고 부르지.

테트라 선배, 확률변수와 확률은 다른가요?

미르카 확률변수와 확률은 달라.

나 구체적인 예를 들어서 설명해줘.

미르카 음. 그러면 '동전 1번 던지기'라는 시행을 생각해 볼게. 이 경우 '앞면이 나온다'와 '뒷면이 나온다'라는 두 가지의 근원사건이 존재해.

테트라 네, 이해했어요.

미르카 확률변수는 근원사건에 대해 값이 정해지는 변수야. 예를 들어 '동전 1번 던지기'라는 시행에서 '앞면이 나올 횟수'를 나타내는 확률변수를 X라고 하자. 그럼 '앞면이 나온다'와 '뒷면이 나온다'라는 각각의 근원사건에 대해 확률변수 X의 값은 다음과 같이 결정할 수 있어.

근원사건	'앞면이 나올 횟수'를 나타내는 확률변수 X의 값
앞면이 나온다	1
뒷면이 나온다	0

나 확률변수 X가 '앞면이 나올 횟수'라면 그렇게 되지.

테트라 여기에서 '1'은 1번, '0'은 0번을 의미하죠?

미르카 맞아. 그리고 이 표는 이렇게 바꿔 쓸 수 있지.

$$\begin{cases} X(\text{앞면이 나온다}) = 1 \\ X(\text{뒷면이 나온다}) = 0 \end{cases}$$

따라서 확률변수는 '근원사건에 대해 값이 정해지는 함수'
라고 말할 수 있는 거야.

나 오, 그렇구나.

테트라 확률변수인데도 함수라는 사실이 굉장히 흥미로워요!

미르카 확률변수는 근원사건마다 다양한 값을 가져. 확률변수
X가 취하는 평균적인 값을 확률변수 X의 기댓값이라고 부
르고

$$E(X)$$

라고 쓰지. 식으로 쓰면 확률변수 X의 기댓값은

$$E(X) = \sum k \cdot P(X = k)$$

가 돼. 단 $\sum$는 확률변수 X가 취할 수 있는 모든 k에 대한 합을 말해.

기댓값

확률변수 X의 기댓값 E(X)를

$$E(X) = \sum k \cdot P(X = k)$$

라고 정의한다. 단 $\sum$는 확률변수 X가 취할 수 있는 모든 k 에 대한 합을 말한다.

테트라 잠깐만요, 선배…. 갑자기 기호가 등장해서 조금 혼란스러워요. E(X)에서 E는 무엇을 의미하나요?

미르카 E(X)는 확률변수 X의 기댓값을 의미해. E(X)의 'E'는 '기댓값', 즉 'Expected Value'의 첫 글자야.

테트라 그렇군요. 그리고 P(X = k)은…? 괄호 안에 X = k라는 식이 들어가 있어서 이상하게 보여요.

나 P(X = k)는 X = k가 될 확률을 말해.

미르카 맞아. P(X = k)는 '확률변수 X의 값이 k와 같아질 확률'을 나타내고 있어. 'P'는 '확률', 즉 'Probability'의 첫 글자고.

나 아까*는 기댓값을 μ라고 썼었는데.

미르카 기댓값은 확률변수의 평균이기 때문에 μ라고 쓰기도
해. 하지만 E(X)처럼 쓰면 확률변수 X의 기댓값이라는 것
을 확실하게 알 수 있지.

나 그렇구나.

미르카 '동전 1번 던지기'라는 시행에서 '앞면이 나올 횟수'를
나타내는 확률변수를 X라고 하면, X의 기댓값은

$$E(X) = \sum_{k=0}^{1} k \cdot P(X = k)$$

$$= 0 \times \underbrace{P(X = 0)}_{\text{뒷면이 나올 확률}} + 1 \times \underbrace{P(X = 1)}_{\text{앞면이 나올 확률}}$$

로 얻을 수 있어.

테트라 잠깐만요, 확인할게요. '뒷면이 나올 확률' P(X = 0)와
'앞면이 나올 확률' P(X = 1)는 모두 $\frac{1}{2}$이지요?

미르카 만약 그 동전이 **페어**한 경우에는 그렇지.

테트라 'fair'…, '공정'하다는 말인가요?

---

* 제4장 참고.

미르카 동전이 공정하다는 건 앞면과 뒷면이 나올 확률이 같
   다는 의미야.

테트라 아, 그렇군요.

미르카 동전이 공정하다고 가정하면, 확률변수 X의 기댓값
   E(X)는 다음과 같이 계산할 수 있어. X가 취할 수 있는 값은
   0과 1이니까, 0에 확률 P(X = 0)을 곱하고, 1에 P(X = 1)를
   곱해서 더하는 거야. 기댓값의 정의 그대로 말이지.

$$E(X) = 0 \times \underbrace{P(X = 0)}_{\frac{1}{2}} + 1 \times \underbrace{P(X = 1)}_{\frac{1}{2}}$$

$$= 0 \times \frac{1}{2} + 1 \times \frac{1}{2}$$

$$= \frac{1}{2}$$

테트라 음, 그러니까 마지막에 나오는 $\frac{1}{2}$은 '동전을 1번 던졌을
   때, 앞면이 나올 횟수의 기댓값'인 거네요?

나 맞아.

미르카 공정하다고 말할 수 없는 동전에서도 똑같이 생각할 수
   있어. '동전 1번 던지기'라는 시행에서 앞면이 나올 확률을 p
   라고 하면, 뒷면이 나올 확률은 1 − p가 되기 때문에, '앞면이
   나올 횟수'를 나타내는 확률변수 X의 기댓값은 이렇게 되지.

$$E(X) = 0 \times \underbrace{P(X = 0)}_{1 - p} + 1 \times \underbrace{P(X = 1)}_{p}$$

$$= 0(1 - p) + 1p$$

$$= p$$

테트라 여기까지는 이해했어요. 그러니까, 그래서….

테트라는 펼친 〈비밀 노트〉를 다시 읽어 내려갔다.

테트라 아까 '기댓값의 선형성'이라는 말이 나왔잖아요. '기댓값의 선형성'이란 무엇인가요?

미르카 기댓값의 선형성은 기댓값이 가진 성질 중 하나야.

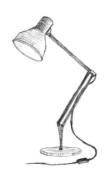

기댓값의 선형성

X, Y를 확률변수, a를 정수라고 하면 아래와 같은 성질이
성립한다.

〈합의 기댓값은 기댓값의 합〉

$$E(X + Y) = E(X) + E(Y)$$

〈정수배의 기댓값은 기댓값의 정수배〉

$$E(aX) = aE(X)$$

테트라 ….

나 확률변수의 합 X+Y의 기댓값인 $E(X + Y)$를 계산할 때는 X
의 기댓값 $E(X)$와 Y의 기댓값 $E(Y)$를 그냥 더해도 괜찮다
는 의미야.

테트라 아, 흠…. 기댓값이 그런 성질을 갖고 있다고 해도, 어떻
게 아까처럼 간단하게 기댓값을 구할 수 있는지 아직 이해가
가지 않아요…. 선배가 써준 기댓값의 식은 이해했는데….

$$0 \times P_0 + 1 \times P_1 + 2 \times P_2 + \cdots + 10 \times P_{10}$$

미르카 이 계산은 기댓값의 정의와 같아. '앞면이 나올 횟수'를 나타내는 확률변수 X가 0, 1, 2, ⋯, 10이 될 확률을 규칙으로써, 기댓값의 정의대로

$$E(X) = \sum_{k=0}^{10} k \cdot P(X = k)$$

라고 계산한 거지.[*]

나 기댓값의 정의를 사용한 내 대답은 맞는 거지?

미르카 물론이지. 그럼 이제 기댓값의 선형성을 어떻게 활용해야 하는지 설명해 줄게. '동전 10번 던지기'라는 시행에서 '앞면이 나올 횟수'를 나타내는 확률변수를 X라고 하자.

테트라 네.

미르카 그리고 '동전 10번 던지기'라는 시행에 대해 X와는 다른 별도의 확률변수 10개를 생각해 볼게. 이런 확률변수야.

---

[*] 제4장(182쪽) 참고.

$X_1 = $ '동전을 1번 던졌을 때 앞면이 나오면 1, 뒷면이 나오면 0'

$X_2 = $ '동전을 2번 던졌을 때 앞면이 나오면 1, 뒷면이 나오면 0'

$X_3 = $ '동전을 3번 던졌을 때 앞면이 나오면 1, 뒷면이 나오면 0'

$X_4 = $ '동전을 4번 던졌을 때 앞면이 나오면 1, 뒷면이 나오면 0'

$X_5 = $ '동전을 5번 던졌을 때 앞면이 나오면 1, 뒷면이 나오면 0'

$X_6 = $ '동전을 6번 던졌을 때 앞면이 나오면 1, 뒷면이 나오면 0'

$X_7 = $ '동전을 7번 던졌을 때 앞면이 나오면 1, 뒷면이 나오면 0'

$X_8 = $ '동전을 8번 던졌을 때 앞면이 나오면 1, 뒷면이 나오면 0'

$X_9 = $ '동전을 9번 던졌을 때 앞면이 나오면 1, 뒷면이 나오면 0'

$X_{10} = $ '동전을 10번 던졌을 때 앞면이 나오면 1, 뒷면이 나오면 0'

테트라 앗…, 잠깐만요.

미르카 X_j라는 확률변수는 '동전 10번 던지기'라는 시행에서 j 번째에 앞면이 나오면 1, 뒷면이 나오면 0이 된다는 확률변 수야.

테트라 조금만 더 자세하게…, 부탁드려요.

미르카 예를 들어 동전을 10번 던졌을 때, 앞면과 뒷면의 패턴 이 '뒤앞앞뒤뒤앞앞앞뒤뒤'라면 $X_9 = 0$ 이야. 그리고 '뒤앞 앞뒤뒤앞앞앞앞뒤'라면 $X_9 = 1$ 이 되지. 함수로는 이렇게 쓸 수 있어.

X_9(뒤앞앞뒤뒤앞앞**뒤**뒤) = **0**

X_9(뒤앞앞뒤뒤앞앞**앞**뒤) = **1**

테트라 그렇군요, X_9은 9번째에 '앞'이 나올 때만 1이 되는 확률변수인 거네요!

미르카 맞아. 그래서 다음과 같은 식은 명백하게 성립하지.

$$X = X_1 + X_2 + \cdots + X_{10}$$

테트라 선배, 이건 '명백히'가 맞나요?

나 응, 테트라. 이건 명백한 거야. 각 확률변수의 의미를 알고 있다면 말이지. 확률변수 X는 '앞면이 나올 횟수'니까 'j번째에 앞면이 나오면 1'을 나타내는 확률변수 X_j의 값을 모두 더한 값이 되겠지.

테트라 잠깐만요, 선배. 구체적으로 생각해야 할 것 같아요···. 예를 들어,

뒤앞앞뒤뒤앞앞앞뒤뒤

의 경우라면 이렇게 되겠네요.

$$X_1 (\,\text{뒤}앞앞뒤뒤앞앞앞뒤뒤\,) = 0$$

$$X_2 (\,뒤\text{앞}앞뒤뒤앞앞앞뒤뒤\,) = 1$$

$$X_3 (\,뒤앞\text{앞}뒤뒤앞앞앞뒤뒤\,) = 1$$

$$X_4 (\,뒤앞앞\text{뒤}뒤앞앞앞뒤뒤\,) = 0$$

$$X_5 (\,뒤앞앞뒤\text{뒤}앞앞앞뒤뒤\,) = 0$$

$$X_6 (\,뒤앞앞뒤뒤\text{앞}앞앞뒤뒤\,) = 1$$

$$X_7 (\,뒤앞앞뒤뒤앞\text{앞}앞뒤뒤\,) = 1$$

$$X_8 (\,뒤앞앞뒤뒤앞앞\text{앞}뒤뒤\,) = 1$$

$$X_9 (\,뒤앞앞뒤뒤앞앞앞\text{뒤}뒤\,) = 0$$

$$X_{10} (\,뒤앞앞뒤뒤앞앞앞뒤\text{뒤}\,) = 0$$

아, 알았어요! '앞'을 전부 더한 5가 '앞이 나올 횟수'인 거 군요!

$$X (\,뒤앞앞뒤뒤앞앞앞뒤뒤\,) = 5$$

확실히

$$X = X_1 + X_2 + \cdots + X_{10}$$

가 성립하네요! '명백히'가 맞아요! 이해 완료!

미르카 이해했다면 기댓값의 선형성을 활용해 $E(X) = 5$가 된다는 사실도 알 수 있어.

$$
\begin{aligned}
E(X) &= E(X_1 + X_2 + \cdots + X_{10}) \qquad && X = X_1 + X_2 + \cdots + X_{10}\text{이다} \\
&= E(X_1) + E(X_2) + \cdots + E(X_{10}) \qquad && \text{기댓값의 선형성} \\
&= \underbrace{\frac{1}{2} + \frac{1}{2} + \cdots + \frac{1}{2}}_{10\text{개}} \qquad && E(X_j) = \frac{1}{2}\text{이다} \\
&= 5
\end{aligned}
$$

테트라 오호…. 이해하고, 또 한 번 이해했어요!

미르카 앞이 나올 확률을 p, 던지는 횟수를 n이라고 하면 일반화를 할 수 있어. 즉

$$
\begin{aligned}
E(X) &= E(X_1 + X_2 + \cdots + X_n) \\
&= E(X_1) + E(X_2) + \cdots + E(X_n) \\
&= \underbrace{p + p + \cdots + p}_{n\text{개}} \\
&= np
\end{aligned}
$$

라는 거지. 이렇게 '앞면이 나올 횟수'의 기댓값은 np라는 사

실을 알았어. 조금만 더 계산하면 '앞면이 나올 횟수'의 표
준편차를 $\sqrt{np(1-p)}$로 구할 수 있다는 것도 알 수 있지.*

5-3 이항분포

테트라는 다시 〈비밀 노트〉를 펼쳤다.

테트라 선배, 아까 '이항분포'라는 단어도 말했었죠?

미르카 **이항분포**는 확률분포의 한 종류야. 확률 p로 앞면이 나
오는 동전을 n번 던질 때, '앞면이 나올 횟수'를 나타내는 확
률변수가 따르는 확률분포를 이항분포라고 해. 매회의 동전
던지기는 독립이라고 가정하고.

테트라 독립?

나 과거에 나온 앞면과 뒷면의 결과에 다음 동전 던지기가 영
향을 받지 않는다는 의미야.

테트라 제가 질문이 너무 많아서 죄송해요. 확률분포는 무엇
인가요? 확률, 확률변수, 확률분포. 비슷한 용어가 너무 많

---

* 부록: 이항분포의 기댓값·분산·표준편차(283쪽) 참고.

아서….

미르카 시행하면 어떠한 근원사건이 발생해. 발생한 근원사건에 대해 확률변수의 값이 정해지고. 그럼 확률변수가 그 값을 가질 확률은 얼마나 될까? 확률변수의 값마다 확률이 얼마나 분포하는지 나타낸 것을 확률분포라고 해. 이항분포의 그래프를 보면 더 이해하기가 쉬울 거야.

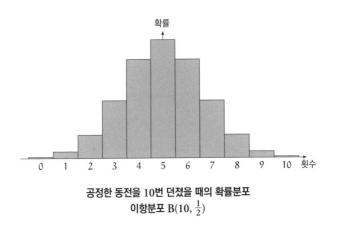

공정한 동전을 10번 던졌을 때의 확률분포
이항분포 $B(10, \frac{1}{2})$

미르카 이 그래프는 이항분포 $B(10, \frac{1}{2})$의 확률분포야. 이항분포는 동전 던지기의 횟수 n과 확률 p를 사용해서,

$$B(n, p)$$

로 나타내지. 가로축은 확률변수가 취하는 각각의 값인데 동

전 던지기로 말하자면 앞면이 나올 횟수야.

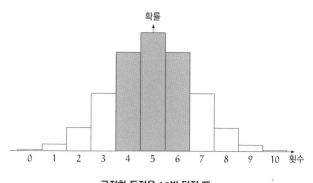

**공정한 동전을 10번 던질 때,
앞면이 나올 횟수가 '4, 5, 6' 중 하나가 될 확률**

미르카 예를 들어 '앞면이 나올 횟수가 4, 5, 6 중 하나가 될 확률'은 이런 확률의 합이 되는 거야.

테트라 앗, 파스칼의 삼각형이네요! 10개에서 k개를 고른 조합의 수 $\binom{10}{k}$가 되니까요.

k	0	1	2	3	4	5	6	7	8	9	10
$\binom{10}{k}$	1	10	45	120	210	252	210	120	45	10	1

조합의 수

미르카 그건 경우의 수야. 이항분포는 확률분포이기 때문에 모든 확률의 합이 1이 되어야 해. 따라서 $2^{10} = 1024$로 나누어야만 하지.

k	0	1	2	3	4	5	6	7	8	9	10
$\dfrac{\binom{10}{k}}{2^{10}}$	$\dfrac{1}{1024}$	$\dfrac{10}{1024}$	$\dfrac{45}{1024}$	$\dfrac{120}{1024}$	$\dfrac{210}{1024}$	$\dfrac{252}{1024}$	$\dfrac{210}{1024}$	$\dfrac{120}{1024}$	$\dfrac{45}{1024}$	$\dfrac{10}{1024}$	$\dfrac{1}{1024}$

이항분포 $B(10, \frac{1}{2})$

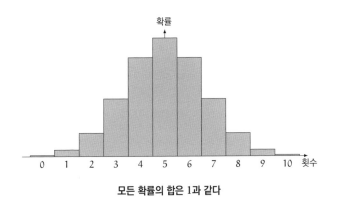

모든 확률의 합은 1과 같다

미르카 확률분포는 이렇게 '확률변수가 각 값을 취할 확률'이 어떻게 분포하는지를 나타내고 있어.

테트라 그렇군요….

미르카 이항분포 외에도 확률분포는 매우 다양해. 예를 들어 모든 근원사건이 같은 확률로 일어나는 **균등분포**가 있어. '공정한 주사위를 1번 던진다'라는 시행에서는 '$\boxed{\cdot}$이 나온다' ~ '$\boxed{\vdots\vdots}$이 나온다'라는 6개의 근원사건이 존재해. 주사위의 눈을 나타내는 확률변수를 생각하면, 어떠한 값을 취할 확률도 $\frac{1}{6}$이야. 이것이 바로 균등분포지.

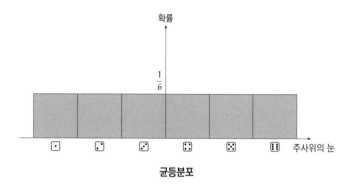

균등분포

미르카 이항분포의 n을 크게 해서 n → ∞이라는 극한을 취하면, **정규분포**라는 확률이 돼.

테트라 정규분포….

미르카 이항분포의 n을 크게 한다는 말은 동전 던지기의 횟수를 늘린다는 말과 같아. 앞면이 몇 번 나올지에 대한 조사는 앞면이 나온 동전의 합계를 조사하는 거야. 그렇게 생각하면 다양한 현상의 통계량이 정규분포와 가까워지는 이유도 상상할 수 있어. 여러 요인을 동전 던지기로 간주하고, 그

요인의 총합에 의해 우리가 마주하는 현상이 일어나고 있다는 생각은 단순한 수리 모델 중 하나라고 말할 수 있는 거지. 테트라 ….

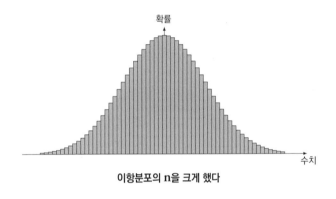

이항분포의 n을 크게 했다

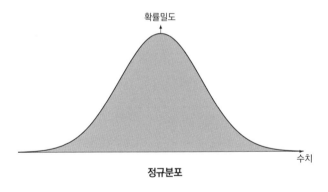

정규분포

미르카 이항분포는 이산확률분포이기 때문에 확률은 총합($\sum$) 으로 구할 수 있어. 그리고 정규분포는 연속확률분포이기 때문에 세로축은 확률밀도가 되고 확률은 적분($\int$)으로 계산할 수 있지.

5-4 동전은 정말 공정할까?

테트라 동전 던지기만으로 여러 가지를 생각할 수 있네요.

미르카 동전 던지기를 생각하고 있으면 소박하지만 중요한 의문이 떠올라. '**동전은 정말 공정할까?**', 다시 말해 '동전의 앞면이 나올 확률은 정말 $\frac{1}{2}$일까?'라는 의문이야.

미르카는 그렇게 말하며 손가락으로 안경을 살짝 고쳐 썼다.

테트라 우리가 가진 동전은 어쩌면 공정한 동전이 아닌가요?

미르카 앞면이 나올 확률이 $\frac{1}{2}$라고 말할 수 있다는 거야?

테트라 네, 아마 그럴 거라고 생각해요. 왜냐하면 동전 무게에 왜곡이 있는 것도 아니잖아요.

미르카 뭐, 약간의 편차가 있을 수도 있지. 앞뒤의 표면이 울퉁불퉁하잖아.

테트라 그럼 앞면과 뒷면이 반질반질한 동전을 만들면 어떤가

240

요? 그러면 왜곡이 없어지겠죠?

미르카 앞면과 뒷면을 완전히 똑같이 하자는 의미야?

테트라 네, 맞아요.

미르카 하지만 그런 동전을 던지면 앞과 뒤를 판별할 수 없어.

테트라 아….

미르카 물리적인 동전 하나를 들고 '이 동전은 공정하다'라고 주장해도, 그것을 수학적으로 직접 증명하는 것은 불가능해.

나 흐음….

테트라 그런가요….

미르카 수학은 언제나 그렇지. 물리적 성질과 사회적 이상에 관해 수학이 직접적으로 증명하는 것은 아니야. 다만 수학은 수리 모델을 어떻게 다루어야 하는지를 가르쳐 줄 뿐이지. 지금 우리가 동전 던지기를 다루는 것처럼 보이지만, 사실은 동전 던지기의 수리 모델을 다루고 있는 것이지. 어떠한 현상을 '확률 p로 발생할 일을 n번 반복한 결과'처럼 수리 모델로 만들어 살펴보는 거야. 그리고 전제 조건을 정리해 수리 모델로 만든 현상에 대해서는 수학적으로 말할 수도 있어.

테트라 어렵네요.

나 구체적으로 생각해 보자. 예를 들면?

미르카 흠. 예를 들면 말이지.

동전을 10번 던져서 **모두 뒷면**이 나왔다.

이 동전은 공정하다고 말할 수 있을까?

테트라 모두 뒷면이 나올 확률은 $\frac{1}{1024}$이예요…. 만약 동전이
공정하다면요.

나 동전을 10번 던져서 모두 뒷면이 나오는 경우는 흔치 않아.
이러면 동전은 공정하다고 말하기 어렵지 않을까?

테트라 하지만 확률이 0은 아니잖아요. 확률이 0은 아니니까
발생하는 경우도 있는 거죠?

그 순간, 미르카가 손가락을 튕겨 소리를 냈다.

미르카 그렇지. 공정한 동전을 10번 던져서 '모두 뒷면이 나오
는' 확률은 확실히 0이 아니야. 하지만 '확률이 0이 아니기
때문에 발생하는 경우도 있다'라는 주장만으로는 살짝 아
쉬워.

테트라 아쉽다?

미르카 우리는 '확률은 0이 아니다'보다 더 많은 정보를 가지고 있기 때문이야. '확률은 $\frac{1}{1024}$ 이다'라는 정보 말이지.

나 오호?

미르카 '확률이 0이 아니면 어떤 일이 발생해도 이상하지 않다'라고 말하고 싶은 마음은 이해해. 하지만 그보다 더 의미 있는 표현은 없을까? 자, 그럼 이쯤에서 이야기를 정리해보자.

- 동전 던지기는 공정하다고 가정한다.
- 10번을 던져서 모두 뒷면이 나왔다.
- 즉 '앞면이 나온 횟수'는 0번이었다.
- '공정한 동전'이라고 가정하면 '앞면이 나온 횟수'가 매우 적은, 흔치 않은 사건은 확률 $\frac{1}{1024}$ 로만 발생한다.
- 그렇다면 던진 동전은 정말 공정하다고 말할 수 있을까?

나 공정하다고 말하기 어렵지만 공정할 가능성도 있는 거지.

테트라 공정한 동전인지, 혹은 아닌지. 둘 중 하나예요.

- 이 동전은 공정하다.
- 이 동전은 공정하지 않다.

미르카 여기에서 우리가 지나치게 몰입하고 있는 것이 바로 '0 과 1의 저주'야.

테트라 저주?

미르카 0 또는 1, 흰색 또는 검은색, 공정 혹은 불공정…. 만약 '둘 중 하나'라고 하더라도 단정할 수 없는 경우까지 어떤 하나로 결정하고 싶어 하는 것은 위험해.

나 저주는 너무 과장 아니야?

미르카 '확률은 $\frac{1}{1024}$이다'라는 정보가 있으니, 그 정보를 유용하게 활용하자. 예를 들어 이렇게 주장하는 방법이 있어.

● 이 동전은 공정하다.
   만약 이런 주장이 옳다면,
   확률 1% 이하의 '놀랄 만한 일'이 일어난 것이다.

나 확률 1%라는 '놀랄 만한 일'이 일어났기 때문에 '동전은 공정하다'라는 주장은 99% 오류라는 말이야?

미르카 아니, 주장이 틀렸다는 확률을 말하는 게 **아니야**. '동전은 공정하다'라는 주장이 옳다고 가정했다면, 얼마나 '놀랄 만한 일'이 일어났는지를 확률적으로 나타내고 있는 거지.

테트라 '동전이 공정하다'라는 주장이 옳을 확률은 1%밖에 안

된다는 건가요?

미르카 아니, 그렇지 않아. 주장이 옳을 확률에 대해 말하는 것
도 **아니야**. 주장의 진위에 대한 확률에 대해서는 아무것도
서술하고 있지 않아. 어디까지나 '동전이 공정하다'라는 가
정을 바탕으로 발생한 일의 확률을 생각하는 것뿐이야. 물
론 그에 따라 가정의 이상함을 파악하고자 하는 것이지만.

나 괜히 1%라는 숫자가 나오니까 착각할 것 같아.

미르카 물론 1%는 하나의 사례에 불과해.

테트라 그렇다고 하더라도…, 꽤 미묘한 이야기네요.

미르카 그래서 순서가 정해져 있어. 그게 바로 **가설 검정**이야.

5-5 가설 검정

미르카 가설 검정의 순서는 이렇게 돼.

테트라 또 새로운 단어가 등장했네요…. 귀무가설이란 무엇인가요?

미르카 우리는 지금 동전이 공정한지, 공정하지 않은지가 궁금해. 그래서 예를 들어 '동전은 공정하다'를 귀무가설로 설정할 수 있지. 귀무가설은 가설 검정에서 최초로 가정하는 가설이야. 위험률에 따라 기각되어 무(無)로 되돌아가는(歸) 가설을 말해.

테트라 그렇군요! 증명하고 싶은 것을 귀무가설로 설정하는 거네요.

미르카 아니, 그렇지 않아. 가설 검정은 '귀무가설을 기각한다'라는 점이 열쇠가 돼. 기각이라는 말은 버리는 것을 의미해.

246

우리는 '동전은 공정하다'라는 귀무가설을 세우고, 이를 버릴 수 있는지 조사하는 거야. 그런 의미에서 증명하고 싶은 것의 부정을 귀무가설로 설정한다고 할 수 있지. 그리고 증명하고 싶은 것을 **대립가설**이라고 불러. 예를 들어 '동전은 공정하지 않다'라는 대립가설을 세우는 거지.

나 마치 확률적인 귀류법 같네.

테트라 '귀무가설을 기각한다'라는 말을 아직 이해하지 못했어요….

미르카 귀무가설을 기각한다는 것은 검정 통계량이 놀랄 만한 값이 나온 경우를 말해. 귀무가설을 기각하는 검정 통계량의 영역을 **기각역**이라고 불러. 귀무가설을 옳다고 가정할 때, 터무니없이 놀랄 만한 일이 일어나버렸다고 말할 수 있다면 원래의 귀무가설이 의심스럽지는 않은지 생각하는 것이 가설 검정의 사고 방법이야. 다시 말해 기각역은 '놀랄 만한 값이란 무엇인가'를 구체적으로 표시하는 영역이 되는 거지. 기각역은 **위험률**이라는 확률을 사용해 표현해. 위험률은 **유의수준**이라고도 부르고.

테트라 아직 잘 모르겠어요. 예를 들면 어떻게 되나요?

미르카 귀무가설을 '동전이 공정하다'로 세우고, 검정 통계량을 '앞면이 나올 횟수'라고 설정해 보자. '동전이 공정하다'

라는 귀무가설을 가정한다면, '앞면이 나올 횟수'가 매우 적거나 혹은 매우 많을 때 놀랄 만한 일이 발생했다고 말할 수 있어.

테트라 그야 그렇죠.

미르카 예를 들어 위험률을 1%로 설정했다고 하자. 동전을 10번 던지는 이항분포에서 '동전이 공정하다'라고 가정했을 때, 1% 이하의 낮은 확률로 발생한 '놀랄 만한 일'은 무엇일까? 그 '놀랄 만한 일'을 검정 통계량인 '앞면이 나올 횟수'로 표현한 것이 바로 기각역이야.

나 음, 그렇구나. 이항분포의 확률분포에서 말하자면, '동전이 공정'할 때 발생할 '놀랄 만한 일'은 양끝 부분에 해당하는 거네. '모두 뒷면이 나올 확률'과 '모두 앞면이 나올 확률'은 모두 $\frac{1}{1024}$ 니까 이를 더하면 $\frac{2}{1024} = 0.001953125$, 약 0.2%라고 할 수 있어. 이것이 1%보다 낮은 확률로 발생하는 '놀랄 만한 일'이 아닐까?

k	0	1	2	3	4	5	6	7	8	9	10
$P(X=k)$	$\frac{1}{1024}$	$\frac{10}{1024}$	$\frac{45}{1024}$	$\frac{120}{1024}$	$\frac{210}{1024}$	$\frac{252}{1024}$	$\frac{210}{1024}$	$\frac{120}{1024}$	$\frac{45}{1024}$	$\frac{10}{1024}$	$\frac{1}{1024}$
$P(X=5)$						24.6%					
$P(4\leq X\leq 6)$					65.6%						
$P(3\leq X\leq 7)$				89.0%							
$P(2\leq X\leq 8)$			97.9%								
$P(1\leq X\leq 9)$		99.8%									
$P(0\leq X\leq 10)$	100%										

공정한 동전을 10번 던졌을 때 '앞면이 나올 횟수'의 확률
(소수점 둘째 자리에서 반올림)

미르카 예를 들어 이 표에서 위험률이 1%인 경우의 기각역과
위험률이 5%인 경우의 기각역은 이렇게 돼.

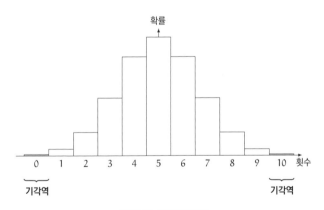

위험률이 1%인 기각역

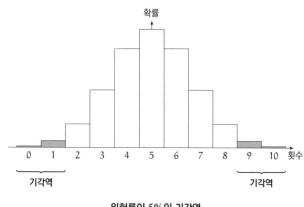

위험률이 5%인 기각역

미르카 그럼 동전을 10번 던졌을 때 '모두 뒷면이 나온 경우'를 사용해 가설 검정을 해 보자.

1. **귀무가설**과 **대립가설**을 세운다.

   귀무가설: '동전은 공정하다'

   대립가설: '동전은 공정하지 않다'

2. **검정 통계량**을 설정한다.

   검정 통계량: '앞면이 나올 횟수'

3. **위험률(유의수준)**과 **기각역**을 설정한다.

   위험률: 1%

   기각역: '앞면이 나올 횟수'가 0번 또는 10번

4. 검정 통계량은 기각역에 속하는가?

10번 던진 동전은 모두 뒷면이 나왔다.

'앞면이 나올 횟수'는 0번으로 기각역에 포함된다. 따라서 '동전은 공정하다'라는 귀무가설은 위험률 1%에서 기각된다.

나 오호.

미르카 맨 마지막 문장에 나오는

'동전은 공정하다'라는 귀무가설은
위험률 1%에서 기각된다.

라는 표현에 의해

'동전은 공정하다'라는 주장이 옳다면
확률 1% 이하의 '놀랄 만한 일'이 발생한다.

라고 주장할 수 있어. 이를

'동전이 공정하지 않다'라는 주장은
1% 수준에서 통계적으로 유의하다.

라고 표현하기도 해. 위험률을 **유의수준**이라고도 하니까.

테트라 …조금은 이해가 가요. 귀무가설을 가정했을 때, '놀랄 만한 일'이 일어났다고 말할 수 있는지를 조사하는 거네요. 여기에서 **위험률**은 무엇이 위험하다는 의미인가요?

미르카 오류를 범하는 것을 위험이라고 표현하고 있어.

나 지금은 모두 뒷면이 나오면 기각되지만, 기각되지 않는 경우도 있지?

미르카 물론이지. 예를 들어 동전을 10번 던져서 **딱 1번만 앞면 이 나온 경우**, 위험률 1%의 '앞면이 0번 또는 앞면이 10번 나온다'라는 기각역에는 들어가지 않아. 따라서 앞면이 딱 1번만 나온 경우, '동전이 공정하다'라는 귀무가설은 위험률 1%에서 기각되지 않는 거지.

나 10번 던져서 앞면이 1번만 나온 경우, '동전은 공정하다'라는 귀무가설은 위험률 1%에서 기각되지 않는다는 거구나.

미르카 그렇지. 여기에서 한 가지 주의해야 할 점이 있어. 귀무가설에 대해 '기각되지 않는다'라는 것이 그 귀무가설을 '채택한다'라는 말은 아니야.

○ 귀무가설은 기각되지 않는다.

✕ 귀무가설을 채택한다.

테트라 기각되지 않으면 채택하는 게 아닌가요? '동전은 공정
하다'라는 귀무가설이 기각되지 않는다는 것은 그 귀무가설
을 버리지 않는다는 말이잖아요. 그럼 '동전은 공정하다'라
고 말할 수 있을 것 같은데….

미르카 아니, 그렇지 않아. 어디까지나 '동전은 공정하다'라는
귀무가설이 기각되지 않을 뿐, '동전이 공정하다'라고 주장
할 수 있는 건 아니야. '귀무가설을 채택한다'라는 표현은 어
떤 상황에서도 사용하지 않아.

테트라 왜요?

미르카 왜냐하면 기각되지 않는다는 것은 '동전이 공정하다'라
는 가정을 바탕으로, '놀랄 만한 일'이 발생하지 않았다는 의
미이기 때문이야. '동전이 공정하다'라고 가정하고 놀랄 만
한 일을 발견하지 못했을 뿐, 귀무가설을 지지하는 적극적인
증거를 얻은 게 아니지.

나 그렇구나. 귀류법으로 말하면 모순을 발견하지 못한 상태이
기 때문에 그것만으로는 아무 말도 할 수 없는 거네.

미르카 가지고 있는 증거는 유죄의 입증에 사용할 수 없었어.
그렇기 때문에 유죄라고 말할 수 없는 거지. 하지만 그렇다
고 무죄를 입증할 수 있는 것은 아니야. 무죄라고도, 유죄라
고도 말할 수 없는 상태가 이어지는 거지. 귀무가설을 기각

하지 않는다는 건 이와 비슷해.

테트라 아하….

테트라는 가설 검정의 순서를 다시 한번 반복했다.

테트라 '동전을 10번 던져서 앞면이 1번 나온다'의 경우, '동전은 공정하다'라는 귀무가설은 위험률 1%에서 기각되지 않아요. 하지만 같은 귀무가설이라도 위험률이 더 크면 기각되는 거죠?

미르카 맞아. 위험률은 관습적으로 1%나 5%를 사용해. '동전은 공정하다'라는 귀무가설은 위험률 1%에서는 기각되지 않지만, 5%의 위험률에서는 기각되지.

테트라 하지만 그건…, 이상하지 않나요? 동전은 공정 또는 불공정, 둘 중 하나이고, 사실 어느 하나는 맞는 말이잖아요. 그런데도 기각되거나, 기각되지 않는다는 것은 뭔가 이상하게 느껴져요.

미르카 이것도 '0과 1의 저주'야, 테트라. 귀무가설의 기각 여부로 동전이 공정한지, 아닌지에 대한 여부를 결정한다는 게 아니야. 가설 검정의 위험률은 어디까지나 귀무가설을 기각할 수 있는 기각역의 크기를 설정하는 것에 불과해. 현재 보고 있는 것에서 어떤 결론을 낼지, 이것은 문제의 사회적 중요도로 바뀌어. '귀무가설은 옳지만 기각하고 말았다'라는 오해의 가능성을 얼마나 줄이고 싶은지에 따라 달라지는 거야. 위험률을 작게 하면 오해의 가능성은 감소해.

테트라 그럼 위험률을 아주 작게 한다면 '안전'한 건가요?

미르카 그렇게 생각할 수도 있지. 하지만 위험률을 작게 할수록 얻은 데이터에서 할 수 있는 말은 줄어들어. 가설 검정에서는 귀무가설을 기각할 수 없으면 아무것도 주장할 수 없어. 분명 옳은 귀무가설을 기각한다는 오류는 방지할 수 있지만, 오류를 피할 수 있어서 '안전'하다면, 그걸로 괜찮은 걸까?

테트라 …어렵네요.

나 이런 가설 검정에 대한 이야기는 표준편차의 '놀랄 만한 정도'와 비슷하구나. 놀랄 만한 일이 발생하는지, 아닌지를 이용하니까 말이야. 귀무가설을 가정했을 때 매우 놀랄 만한 일이 일어났다면, 위험률이 작은 경우에도 기각하지. 표준편차라는 개념이 매우 중요한 거네….

미르카 표준편차는 매우 유효해. 예를 들어 100명의 수험자
가 있다고 가정하자. 만약 득점의 분포가 정규분포와 비슷
하다면, 득점 x가 $\mu - 2\sigma < x < \mu + 2\sigma$를 만족하는 사람
은 96명이야.

나 '34, 14, 2'에 의해 약 96%라고 계산할 수 있으니까.*

미르카 하지만 만약 득점의 분포를 전혀 알 수 없다고 하더라
도 표준편차는 유효해. 예를 들어 어떤 분포에서도 득점 x가

$$\mu - 2\sigma < x < \mu + 2\sigma$$

를 만족하는 수험자는 반드시 75명보다 많을 거야. 평균 μ
와 표준편차 σ를 알면 그렇게 말할 수 있어.

테트라 그렇지요.

나 여기에서 '반드시'라는 단어를 사용하다니, 미르카답지 않네.

미르카 그러니까 내가 '반드시'라고 말하면 무조건인 거지. 경
험을 통해 터득한 것도 아니고, 정규분포에만 해당하는 이

---

* 문제 3-4 ② 참고(171쪽).

야기도 아니야. 그리고 어림잡은 이야기도 아니지. 어떤 분
포에서도 득점 x가

$$\mu - 2\sigma < x < \mu + 2\sigma$$

를 만족하는 사람의 비율은 반드시 75%보다 많아.

테트라 75%….

미르카 다시 말해 모든 분포에서

$$\mu - 2\sigma < x < \mu + 2\sigma$$

를 **만족하지 않는** 수치 x의 비율은 무조건 25% 이하로 제
한되어 있어. 이는 **체비쇼프 부등식**이라는 정리를 통해 말
할 수 있지. 이는 정리이기 때문에 증명할 수 있어. 평균으
로부터 2σ 이상 떨어진 수치의 비율은 반드시 25% 이하
가 되는 거야.

테트라 25%…. '25'라는 숫자는 어디에서 온 것인가요?

미르카 25는 $\frac{1}{2^2} = \frac{1}{4} = 0.25$에서 왔어. $\frac{1}{2^2}$의 2는 2σ의 2야. 체
비쇼프 부등식은 아래와 같아.

나 이게 정말 분포와 관계없이 성립한다고?

미르카 응, 분포와 관계없이 성립해. 게다가 K는 임의의 양의
정수야. 다르게는 이렇게도 말할 수 있지.

테트라 아하….

나 이걸 정말 증명할 수 있어?

미르카 가능해! 분산의 정의에서 바로 증명할 수 있어. 같이 증
  명해 보자.

테트라 선배, 가능하면 자세하게 부탁드려요….

체비쇼프 부등식 (K = 2일 때)

100명의 수험생 가운데 득점 x가

$$|x - \mu| \geq 2\sigma$$

를 만족하는 사람은 반드시 25명 이하이다.

단 μ는 평균, σ는 표준편차이다.

미르카 인원수를 100명, 득점을 x_1, x_2, …, x_{100}이라고 하고 먼
  저 평균 μ와 분산 σ^2를 구해보자.

테트라 네.

미르카 테트라가 계산해 볼래?

테트라 네? …알겠어요. 정의하는 식을 따라 계산해 볼게요.

평균 μ

$$\mu = \frac{x_1 + x_2 + \cdots + x_{100}}{100}$$

분산 σ^2

$$\sigma^2 = \frac{(x_1 - \mu)^2 + (x_2 - \mu)^2 + \cdots + (x_{100} - \mu)^2}{100}$$

미르카 분산 σ^2는 이렇게도 쓸 수 있어.

분산 σ^2 (다른 형태)

$$\sigma^2 = \frac{(x_1 - \mu)^2}{100} + \frac{(x_2 - \mu)^2}{100} + \cdots + \frac{(x_{100} - \mu)^2}{100}$$

나 합의 꼴이구나.

미르카 그런데 지금 우리는 x_1, x_2, $\cdots$, x_{100} 가운데, 득점 x가

$$|x - \mu| \geq 2\sigma \quad \cdots\cdots \quad (\text{조건 } \heartsuit)$$

을 만족하는 사람에 관심이 있어. 다시 말해 득점이 평균 μ 보다도 2σ 이상 떨어져 있는 사람이야. 이러한 조건 $\heartsuit$를 만족하는 사람은 몇 명 있을까?

나 그걸 알고 싶은 거 아니야?

테트라 저는 잘 모르겠어요….

미르카 m명이 조건 $\heartsuit$를 만족한다고 가정하면, $m \leq 100$이지?

나 그렇지. 총인원이 100명이니까, 100 이하야.

미르카 계산의 이해를 돕기 위해 조건 $\heartsuit$를 만족하는 m명에 각각 번호를 부여한다고 하자. 즉

$$\underbrace{x_1, x_2, \cdots, x_m,}_{\substack{\text{조건 } \heartsuit\text{를} \\ \text{만족한다}}} \underbrace{x_{m+1}, \cdots, x_{100}}_{\substack{\text{조건 } \heartsuit\text{를} \\ \text{만족하지 않는다}}}$$

와 같이 나열할 수 있어.

테트라 네…. 그렇다면 그다음에는 어떤 일이 발생하나요?

미르카 이제 나머지는 분산의 정의에서 계산하면 돼. 합의 각 항이 0 이상이니까, 항의 수를 줄이면 등식이 '$\geq$'가 된다는 점에 주의해야 해.

$$\sigma^2 = \frac{(x_1 - \mu)^2}{100} + \cdots + \frac{(x_m - \mu)^2}{100} + \frac{(x_{m+1} - \mu)^2}{100} + \cdots + \frac{(x_{100} - \mu)^2}{100}$$

$$\geq \frac{(x_1 - \mu)^2}{100} + \cdots + \frac{(x_m - \mu)^2}{100} \quad \text{조건 ♡을 만족하지 않는 항을 버린다}$$

$$= \frac{|x_1 - \mu|^2}{100} + \cdots + \frac{|x_m - \mu|^2}{100} \quad {\scriptstyle (x_k - \mu)^2 = |x_k - \mu|^2 \text{이다}}$$

미르카 그런데 $1 \leq k \leq m$일 때, 조건 ♡에 의해 $|x_k - \mu| \geq$ 2σ이므로 $|x_k - \mu|^2 \geq (2\sigma)^2$라고 할 수 있어. 따라서 이렇게 계산할 수 있지.

$$\sigma^2 \geq \frac{|x_1 - \mu|^2}{100} + \cdots + \frac{|x_m - \mu|^2}{100} \qquad \text{앞에서 도출한 식}$$

$$\geq \underbrace{\frac{(2\sigma)^2}{100} + \cdots + \frac{(2\sigma)^2}{100}}_{\text{m개}} \qquad \text{조건 ♡}$$

$$= m \times \frac{(2\sigma)^2}{100} \qquad \text{똑같은 항이 m개다}$$

$$= \frac{4m\sigma^2}{100} \qquad \text{괄호를 풀고 계산한다}$$

나 오!

테트라 아하⋯.

미르카 이제 나머지는 정리하면 돼.

$$\sigma^2 \geq \frac{4m\sigma^2}{100} \qquad \text{앞에서 도출한 식}$$

$$100 \geq 4m \qquad \text{양변에 } \frac{100}{\sigma^2} \text{를 곱한다}$$

$$25 \geq m \qquad \text{양변을 4로 나눈다}$$

$$m \leq 25 \qquad \text{양변을 교환한다}$$

테트라 25명 이하네요….

나 조건 ♡를 만족하지 않는 항을 아예 삭제하는 증명이구나….

미르카 일반화해서 총인원수를 n으로 하고, 2σ 대신에 $K\sigma$로 생각하면 그게 체비쇼프 부등식이 돼.

나 흐음…. 그렇구나.

미르카 정규분포를 가정할 수 있는 경우, $|x-\mu| \geq 2\sigma$를 만족하는 인원은 약 4%라고 말할 수 있어. 하지만 분포를 전혀 모르는 경우에도 평균과 표준편차를 알고 있으면 $|x-\mu| \geq K\sigma$를 만족하는 인원수의 비율은 $\frac{1}{K^2}$ 이하가 된다고 보증할 수 있는 거야. 반드시 말이지.

테트라 ….

미르카 그래서 표준편차 σ를 안다는 것의 의미는 매우 커. 평균과 기댓값뿐만 아니라 '표준편차 σ는?'이라는 질문은 매우 중요한 거야.

테트라 확실히 그렇겠네요. $\mu - 2\sigma$부터 $\mu + 2\sigma$까지의 범위에 적어도 데이터의 $\frac{3}{4}$이 포함되어 있다고 단언할 수 있으니까….

나 미르카, 잠깐만. 뭔가 이상해. 체비쇼프 부등식도 이해했고, 표준편차 σ의 중요성도 알았어. 그리고 '표준편차 σ는?'이라는 질문도 알겠는데, 표준편차 σ를 구할 수 있으면 데이터의 모든 수치를 알고 있는 거 아니야? 수치의 분포를 알고 있으니 일부러 체비쇼프 부등식으로 비율을 고려하지 않아도 괜찮을 것 같은데.

미르카 흠. 데이터의 모든 수치를 알고 있다면 지금 너의 말이 맞아. 하지만 문제는 데이터의 모든 수치를 알고 있다고 생각할 수 없다는 거지.

나 응?

미르카 현실 사회에서 다루는 문제는 **모집단**이 크다는 등 다양한 이유로 데이터의 모든 수치를 손에 넣을 수 없는 경우가 많아. 그럴 때 우리는 모집단에서 몇 개의 수치를 **무작위로 추출**하지. 임의 표본(random sampling)이야. 추출해서 얻은 데이터를 **표본** 또는 **샘플**이라고 불러. '모집단의 평균과 표준편차'를 알지 못하면 가지고 있는 표본을 사용해 계산할 수밖에 없지.

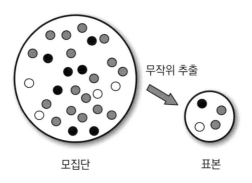

무작위 추출

모집단   표본

테트라 표본으로 대신 사용한다는 말인가요?

미르카 맞아. 하지만 이야기는 거기서 끝이 아니야. 가지고 있
　　는 표본을 사용해 모집단의 평균과 표준편차 등의 통계량을
　　추측하려는 시도도 가능하기 때문이야. 여기에서는 통계적
　　인 **추정**이라는 방법이 활약하지.

테트라 가지고 있는 무기로 보이지 않는 적을 잡아내는 거군요!

미르카 통계량을 볼 때는 주의가 필요해. 예를 들어 '평균'이란
　　말을 들으면 그것이 '모집단의 평균'인지, 아니면 '표본의 평
　　균'인지, 그것도 아니면 '표본으로 추측한 모집단의 평균'인
　　지를 확인해야 하는 거야.

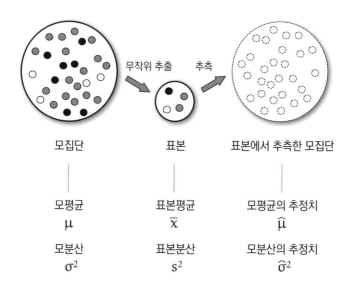

모집단	표본	표본에서 추측한 모집단
모평균	표본평균	모평균의 추정치
μ	$\bar{x}$	$\hat{\mu}$
모분산	표본분산	모분산의 추정치
σ^2	s^2	$\hat{\sigma}^2$

테트라 와아…. 모두 다 다르네요!

미르카 우리는 데이터를 어떻게 기술할 것인지를 생각하는 **기술 통계**에서 통계량을 추측하는 **추측 통계**로, 지금 막 시점을 이동한 거야.

나 오호.

미르카 시험 점수만 봐서는 데이터의 수치, 즉 모든 사람의 점수를 안다고 할 수 없어. 물론 시험을 주최한 사람은 모든 수치를 알고 있겠지. 하지만 그 수치가 누구에게나 공개되어 있는 것이 아니야. 이때, 우리는 분포를 알 수 없는 거지.

나 그렇구나…. 가지고 있는 정보가 표준편차밖에 없는 경우가 있는 거네.

미르카 표준점수를 통해 각 수치를 얻을 수 있는 경우도 있어.

테트라 표준점수…. 앗, 그렇군요. 표준점수는 표준편차가 10이라는 사실을 알고 있으니까요.

나 잠깐만. 표준점수의 경우에는 $\mu = 50$, $\sigma = 10$이니까 $\mu - 2\sigma \sim \mu + 2\sigma$라는 범위는 30~70이 되잖아. 하지만 그 범위에 무조건 75%가 포함된다고 해도 그렇게 기쁘지 않아. 너무 당연한 느낌이 들어.

미르카 체비쇼프 부등식은 분포와 관계없다는 것이 강점이니까. 변호하려는 것은 아니지만, **큰 수의 법칙**을 한번 생각해 보자.

테트라 큰 수의 법칙?

미르카 '확률이 p이다'라는 말은 어떤 의미인지, 그 질문에 대한 대답 하나를 표준편차에서 얻을 수 있어.

5-7 큰 수의 법칙

나 '확률이 p이다'는 어떤 의미인가….

테트라 확률이 $\frac{1}{2}$이라면 2번 중 1번은 앞면이 나온다…. 아닌
  가요?

나 그건 약간 비현실적이야. '2번 중 1번은 앞면이 나온다'라
  고 하더라도 2번 연속으로 앞면이 나오는 경우도 있잖아.

테트라 아, 그렇긴 하지만 2번 중 1번이라는 저의 표현은 평균
  적인 이야기를 하는 거예요.

미르카 그 표현을 정확하게 정의하기 위해 **상대도수**라는 개념
  을 끌고 올게. '동전을 n번 던진다'라는 시행에서 '앞면이 나
  올 횟수'를 나타내는 확률변수를 X라고 하자. 그리고 '상대
  도수'를 나타내는 또 다른 확률변수 Y를

$$Y = \frac{X}{n}$$

  로 정의할 거야.

나 Y는 n번 중에 '앞면이 나올 비율'인 거네.

테트라 네…. 다음에는요?

미르카 그리고 이런 문제를 생각해 보자.

앞면이 나올 확률이 p인 동전을 n번 던진다.

n번 중 앞면이 나올 횟수를 나타내는 확률변수가 X일 때,

상대도수를 나타내는 확률변수 Y를

$$Y = \frac{X}{n}$$

라고 정의한다. 이때 Y의 평균 E(Y)와 분산 V(Y)를 구하
여라.

E(X) = np, V(X) = np(1 − p)라는 사실에 주의한다.

테트라 V(X)의 'V'는…?

미르카 V(X)에서 'V'는 '분산(Variance)'의 첫 글자야.

테트라는 재빠르게 메모했다.

미르카 Y는 앞면이 나오는 상대도수를 나타내는 확률변수야.
　예를 들어 n = 100이라고 가정하면 '동전을 100번 던졌을
　때 앞면은 3번 나온다'라는 사건에 대해 X = 3, 그리고 Y =
　$\frac{3}{100}$ 라고 말할 수 있는 거지.

나 '기댓값의 선형성'이 있기 때문에 E(Y)는 금방 구할 수 있어.

$$E(Y) = E\left(\frac{X}{n}\right) \quad Y = \frac{X}{n} \text{이다}$$

$$= \frac{E(X)}{n} \quad \text{기댓값의 선형성에 따라 정수 } \frac{1}{n} \text{을 밖으로 빼낸다}$$

$$= \frac{np}{n} \quad E(X) = np\text{이다}$$

$$= p$$

나 그러니까 E(Y) = p야! ···근데 이건 직감적으로도 너무 당연한 이야기네. 왜냐하면 '확률 p인 동전을 n번 던진다'라는 시행을 하기 때문이야. '앞면이 나올 비율'이 평균적으로 확률 p와 같다는 이야기는 바로 수긍할 수 있어.

미르카 표준편차는 더욱 재미있어.

나 표준편차···. 분산은 어떻게 될까? $V(Y) = V\left(\frac{X}{n}\right)$이라고 하고.

테트라 분산의 정의에서 총합($\sum$)의 계산을 하는 건가요···?

나 그렇지.

미르카 과연 그럴까?

나 ···아니야?

미르카 분산도 기댓값이야.

나 분산은 '편차의 제곱'의 기댓값이지만…. 앗!

테트라 ?

나 분산의 정의를 기댓값으로 표현하면 귀찮은 계산은 하지 않
  아도 되는구나. **기댓값의 선형성**을 사용하니까 말이야!

$$V(Y) = E\{(Y - E(Y))^2\} \qquad \text{분산의 정의}$$

$$= E\left\{\left(\frac{X}{n} - E\left(\frac{X}{n}\right)\right)^2\right\} \qquad Y = \frac{X}{n} \text{ 이다}$$

$$= E\left\{\left(\frac{X}{n} - \frac{E(X)}{n}\right)^2\right\} \qquad \text{기댓값의 선형성}$$

$$= E\left\{\frac{X - E(X)^2}{n^2}\right\} \qquad n^2 \text{으로 정리한다}$$

$$= \frac{E\{X - E(X)^2\}}{n^2} \qquad \text{기댓값의 선형성}$$

$$= \frac{V(X)}{n^2} \qquad \text{분산의 정의}$$

나 따라서 이렇게 대답할 수 있어.

앞면이 나올 확률이 p인 동전을 n번 던진다.

n번 중에 앞면이 나올 횟수를 나타내는 확률변수가 X일 때,

상대도수를 나타내는 확률변수 Y를

$$Y = \frac{X}{n}$$

라고 정의한다. 이때 Y의 평균 E(Y)와 분산 V(Y)는 아래
와 같다.

$$\begin{cases} E(Y) = \dfrac{E(X)}{n} = \dfrac{np}{n} = p \\ V(Y) = \dfrac{V(X)}{n^2} = \dfrac{np(1-p)}{n^2} = \dfrac{p(1-p)}{n} \end{cases}$$

나 그렇다고 하더라도 기댓값의 선형성, 엄청 강력하다! 이걸
로 상대도수의 기댓값을 p, 분산을 $\frac{p(1-p)}{n}$로 도출했잖아.
표준편차는 분산에 루트를 씌우니까 $\sqrt{\frac{p(1-p)}{n}}$가 되고. 음.
만족스러워.

테트라 하, 하지만…. 그래서 어떻다는 건가요?

나 테트라, 아직 이해가 안 됐니?

테트라 아니, 상대도수의 표준편차가 $\sqrt{\frac{p(1-p)}{n}}$가 되는 건 알

겠는데…. 미르카 선배는 왜 이 문제가 재밌다고 생각한 건
가요?

미르카 흠. 다시 한번 식을 보자.

$$\begin{cases} E(Y) = p \\ V(Y) = \dfrac{p(1-p)}{n} \\ \sqrt{V(Y)} = \sqrt{\dfrac{p(1-p)}{n}} \end{cases}$$

미르카 $E(Y) = p$니까 상대도수의 기댓값은 p가 돼. 이것은 '확
률은 p이다'라면 '상대도수의 기댓값은 p이다'라는 직감을
계산을 통해 재확인하는 것처럼 보여.

나 그렇지.

미르카 상대도수의 표준편차는 $\sqrt{\dfrac{p(1-p)}{n}}$야. 여기에서 분모인
n에 주목하려고 해. n이 매우 큰 경우, 어떤 일이 일어날까?

테트라 표준편차가 매우 작아지겠죠….

미르카 표준편차는 0과 매우 가까워져.

나 그렇구나! 표준편차는 $\sqrt{\dfrac{p(1-p)}{n}}$니까 n이 커질수록 0에 가
까워지는…. 다시 말해 n이 커지면 표준편차는 **한없이 0에
가까워질 수 있네!**

미르카 그렇지. 표준편차가 0에 가까워지면 Y의 값은 대부분 기댓값 E(Y)의 근처로 모일 거야. 확률변수 Y는 상대도수, 즉 n번 중에 앞면이 몇 번 나올지에 대한 비율이야. **n이 매우 커지면 기댓값인 p의 근처에 대부분의 상대도수가 모이는 거지.** 여기에 대해서는 체비쇼프 부등식으로 설명할 수 있어.

나 이거 혹시 아주 근본적인 이야기 아니야?

미르카 맞아. 이건 **큰 수의 법칙**이라고 불러. 이것 또한 '확률이 p이다'에 대한 우리의 직감을 재확인하는 거지.

나 응⋯.

나는 결과에 대해 잠시 생각했다.

나 있지, 미르카. 이거, 주의 깊게 생각하지 않으면 오해할 만한 주장이야. 왜냐하면 '앞면이 나올 확률이 p인 동전을 n번 던질 때, 평균적으로 앞면이 나올 비율은 p이다'라는 것보다 더욱 강력한 주장을 하고 있기 때문이야.

미르카 물론이지.

테트라 잠깐만요, 선배. 그게 무슨 말인가요? 다시 한번⋯.

나 생각해 봐, 테트라. '앞면이 나올 확률이 p인 동전을 n번 던질 때, 앞면이 나올 비율은 평균적으로 p이다'라는 말은 기댓값 E(Y) = p만으로도 설명할 수 있어.

테트라 그건···, 그렇네요.

나 하지만 방금 전 우리는 상대도수의 표준편차를 구했잖아. 그리고 더 강력한 주장을 펼칠 수 있다는 것을 수학적으로 증명하게 된 거야. '앞면이 나올 확률이 p인 동전을 n번 던질 때, 평균적으로 앞면이 나오는 비율은 p지만, n을 크게 하면 앞면이 나올 확률은 p의 근처에 모인다'라는 거지.

테트라 ····.

나 왜냐하면 '평균적으로 앞면이 나올 확률이 p이다'라고만 말하면, 앞면이 더 많이 나오거나, 뒷면이 더 많이 나왔는데 평균해서 앞면이 나올 비율이 p가 되는 경우도 있지 않겠어? 하지만 n을 크게 할수록 그렇게 될 가능성을 원하는 만큼 줄일 수 있는 거야. 왜냐하면 n은 표준편차 $\sqrt{\frac{p(1-p)}{n}}$ 에서 분모에 오기 때문이지.

미르카 이것 또한 표준편차가 효과적으로 활용되는 흥미로운 이야기야.

테트라 음····. 저는 조금 더 천천히 생각해 볼게요····.

미르카 많은 사람들이 평균은 잘 알고 있어. 하지만 표준편차
를 이해하고 있는 사람은 많지 않아. 평균, 분산, 표준편차,
가설 검정···. 컴퓨터를 사용하면 쉽게 계산할 수 있지. 하지
만 그 계산을 위한 전제 조건이나 결과를 이해하지 못하면
아무런 의미가 없어.

나 그렇구나.

테트라 표준편차인 σ도 '**중요한 S**'네요.

나 중요한 S? 무슨 말이야?

테트라 총합을 계산하는 $\sum$(시그마)는 대문자 'S'를 나타내는 그
리스 문자잖아요. 적분을 계산하는 $\int$(인테그랄)은 'S'를 늘린
기호고요.

미르카 흐음.

테트라 그리고 표준편차 σ(시그마)는 그리스 문자로 소문자 's'
잖아요. 다양한 S가 수학에서 활약하고 있어요!

미르카 확실히 그렇네.

- 총합의 $\sum$
- 적분의 $\int$

● 표준편차의 σ

테트라 표준편차 σ와 더 '친구'가 되고 싶어요!

미즈타니 선생님 이제 하교할 시간이에요.

도서관 사서인 미즈타니 선생님의 목소리에 우리의 수학 이야기는 이렇게 마무리되었다.

표준편차라는 하나의 개념에,
도대체 얼마나 많은 비밀이 숨겨져 있는 것일까?
σ라는 하나의 문자로부터
도대체 얼마나 넓은 세계가 펼쳐지는 것일까?

우리의 흥미가 떨어질 틈이 없다.

"앞면과 뒷면이 반드시 번갈아 나오는 동전을 공정하다고 말할 수 있을까?"

[참고 문헌]

- 《구체 수학-컴퓨터 과학의 기초를 다지는 단단한 수학》, 로널드 그레이엄, 도널드 커누스, 오렌 파타슈닉 저
- 《수학 걸 – 확률적 알고리즘》, 유키 히로시 저
- 《고등 수학의 확률과 통계》, 구로다 다카오, 코지마 준, 노자키 아키히로, 츠요시 모리 저
- 《확률·통계 입문》, 고하리 아키히로 저
- 《처음 시작하는 통계학》, 도리이 야스히코 저
- 《처음 시작하는 만화 통계학》, 오오가미 타케히코 저

제5장의 문제

●●● 문제 5-1 (기댓값의 계산)

공정한 주사위를 10번 던지는 시행을 생각해 보자. 주사위를 던져서 나온 눈의 합계를 나타내는 확률변수를 X라고 할 때, X의 기댓값 E(X)를 구하시오.

(해답은 331쪽에)

공정한 동전을 10번 던질 때, 앞면이 나올 횟수의 확률분포, 즉 이항분포 $B(10, \frac{1}{2})$의 그래프를 아래와 같이 나타내었다.

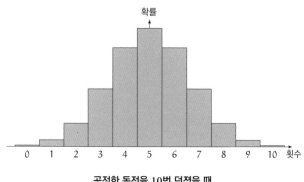

확률

0 1 2 3 4 5 6 7 8 9 10 횟수

공정한 동전을 10번 던졌을 때,
앞면이 나올 횟수의 확률분포
이항분포 $B(10, \frac{1}{2})$

그렇다면 공정한 동전을 5번 던질 때 앞면이 나올 횟수의 확률분포, 즉 이항분포 $B(5, \frac{1}{2})$의 그래프를 그리시오.

(해답은 332쪽에)

제5장에서 위험률(유의수준)에 대한 테트라의 질문에 미르카는 '오류를 범하는 것을 위험이라고 표현'한다고 대답했다(252쪽). 위험률을 크게 하면 어떤 오류를 범할 가능성이 높아지는 것일까?

(해답은 334쪽에)

250쪽의 가설 검정을 위해 '동전은 공정하다'라는 귀무가설을 세우고 동전을 10번 던졌을 때,

앞뒤앞앞뒤뒤뒤앞앞앞

이 되었다. 그러자 어떤 사람은 다음과 같이 주장했다.

주장

'앞뒤앞앞뒤뒤뒤앞앞앞'이라는 패턴은 동전을 10번 던질 때, 같은 확률로 나올 1,024가지 패턴 가운데 단 하나밖에 존재하지 않는다. 즉 이 패턴이 나올 확률은 $\frac{1}{1024}$가 된다는 의미이다. 따라서 '동전은 공정하다'라는 귀무가설은 위험률 1%에서 기각된다.

이는 올바른 주장일까?

(해답은 335쪽에)

부록:이항분포의 기댓값·분산·표준편차

이항분포의 기댓값

동전의 앞면이 나올 확률이 p이고 뒷면이 나올 확률을 q라고 한다($p + q = 1$). 또한 각 동전 던지기는 독립이라고 가정한다. 동전을 n번 던질 때, 앞면이 나올 횟수를 나타내는 확률변수를 X라고 한다면 X는 이항분포 $B(n, p)$를 따른다. 확률변수 X의 기댓값 $E(X)$는

$$E(X) = \sum_{k=0}^{n} k \cdot P(X = k)$$

이다. 확률 $P(X = k)$를 명시적으로 다음과 같이 쓴다.

$$E(X) = \sum_{k=0}^{n} k \cdot \underbrace{\binom{n}{k} p^k q^{n-k}}_{P(X = k)}$$

위 식의 우변은 이항정리와 매우 비슷하므로 이항정리를 사용해 $E(X)$를 나타내기로 하자. 이항정리에 의해 아래와 같은 x와 y에 관한 항등식이 성립한다.

$$\sum_{k=0}^{n} \binom{n}{k} x^k y^{n-k} = (x+y)^n$$

기댓값과 비슷한 꼴의 식을 만들기 위해 **이항정리의 양변을 x로 미분**하면 아래와 같은 식을 얻을 수 있다. 이 식은 x와 y에 관한 항등식이다.

$$\sum_{k=0}^{n} \binom{n}{k} k \cdot x^{k-1} y^{n-k} = n(x+y)^{n-1}$$

양변에 x를 곱하고 정리한다.

$$\sum_{k=0}^{n} k \cdot \binom{n}{k} x^k y^{n-k} = nx(x+y)^{n-1}$$

이는 x와 y에 관한 항등식이므로 x에 p를 대입하고, y에 q를 대입해도 성립한다.

$$\sum_{k=0}^{n} k \cdot \binom{n}{k} p^k q^{n-k} = np(p+q)^{n-1}$$

여기에서 $p+q=1$을 사용하면,

$$\sum_{k=0}^{n} k \cdot \binom{n}{k} p^k q^{n-k} = np \quad \cdots\cdots\cdots \Diamond$$

를 얻을 수 있다. 그 결과 E(X)를 다음과 같이 구할 수 있다.

$$E(X) = \sum_{k=0}^{n} k \cdot P(X = k) \qquad \text{기댓값의 정의}$$

$$= \sum_{k=0}^{n} k \cdot \binom{n}{k} p^k q^{n-k}$$

$$= np \qquad\qquad\qquad \text{식} \Diamond$$

즉

$$E(X) = np$$

이다.

이항분포의 분산과 표준편차

앞과 마찬가지로 **이항정리의 양변을 x로 미분**한다.

$$\sum_{k=0}^{n} k \cdot \binom{n}{k} x^k y^{n-k} = nx(x+y)^{n-1}$$

양변을 다시 x로 미분한다.

$$\sum_{k=0}^{n} k^2 \cdot \binom{n}{k} x^{k-1} y^{n-k} = n(x+y)^{n-1} + n(n-1)x(x+y)^{n-2}$$

양변에 x를 곱한다.

$$\sum_{k=0}^{n} k^2 \cdot \binom{n}{k} x^k y^{n-k} = nx(x+y)^{n-1} + n(n-1)x^2(x+y)^{n-2}$$

x에 p를 대입하고, y에 q를 대입한다.

$$\sum_{k=0}^{n} k^2 \cdot \binom{n}{k} p^k q^{n-k} = np(p+q)^{n-1} + n(n-1)p^2(p+q)^{n-2}$$

$p+q=1$을 사용한다.

$$\sum_{k=0}^{n} k^2 \cdot \underbrace{\binom{n}{k} p^k q^{n-k}}_{P(X=k)} = np + n(n-1)p^2$$

좌변은 k^2에 확률 $P(X=k)$를 곱한 합이기 때문에 X^2의 기댓값이라고 할 수 있다. 따라서 다음과 같은 식이 성립한다.

$$E(X^2) = np + n(n-1)p^2 \ \cdots\cdots\cdots \ \clubsuit$$

여기에서 〈분산〉 = 〈제곱의 기댓값〉 − 〈기댓값의 제곱〉, 다시 말해

$$V(X) = E(X^2) - E(X)^2 \ \cdots\cdots\cdots \ \heartsuit$$

을 사용하여, $V(X)$를 구한다.

$$
\begin{aligned}
V(X) &= E(X^2) - E(X)^2 &&\text{식 } \heartsuit \\
&= E(X)^2 - (np)^2 &&E(X) = np\text{이다} \\
&= np + n(n-1)p^2 - (np)^2 &&\text{식 } \clubsuit \\
&= np + n(n-1)p^2 - n^2p^2 &&\text{괄호를 푼다} \\
&= np - np^2 &&\text{전개하여 정리한다} \\
&= np(1-p) &&np\text{로 묶는다}
\end{aligned}
$$

따라서 표준편차 σ는

$$\sigma = \sqrt{V(X)}$$
$$= \sqrt{np(1-p)}$$

가 된다.

이항분포 B(n, p)의 기댓값, 분산 및 표준편차는 다음과 같이 구할 수 있다.

$$\begin{cases} \text{기댓값} = np \\ \text{분산} = np(1-p) \\ \text{표준편차} = \sqrt{np(1-p)} \end{cases}$$

모일, 모시. 수학 자료실에서.

소녀 우와, 엄청나게 다양하네요!

선생님 그렇지?

소녀 선생님, 이건 뭐예요?

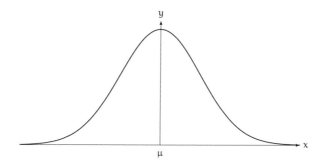

선생님 정규분포의 확률밀도함수 그래프야. 확률밀도함수를
$a \leq x \leq b$로 적분하면 확률 $P(a \leq x \leq b)$를 구할 수 있
어. 면적이 확률을 나타내는 거지.

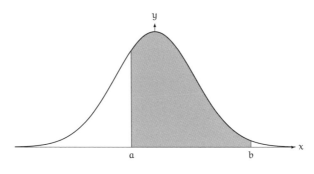

확률 P(a ≤ X ≤ b)

소녀 정규분포의 확률밀도함수….

선생님 정규분포 N(μ, σ^2)의 확률밀도함수는 구체적으로 이런
함수로 쓸 수 있어.

정규분포 N(μ, σ^2)의 확률밀도함수

$$\frac{1}{\sqrt{2\pi}\,\sigma}\,\exp\left(-\frac{(x-\mu)^2}{2\sigma^2}\right)$$

소녀 exp?

선생님 exp(♡)는 $e^♡$를 말해.

소녀 엄청 까다로운 수식이네요!

선생님 평균 μ는 어디에 있지?

소녀 평균은 여기에 있어요, 선생님.

평균 μ

$$\frac{1}{\sqrt{2\pi}\,\sigma}\exp\left(-\frac{(x-\mu)^2}{2\sigma^2}\right)$$

선생님 이 수식을 자세히 보면, x = μ를 대칭축으로 그래프가 좌우 대칭이라는 사실을 알 수 있어.

소녀 그건 x가 $(x-\mu)^2$에만 등장하기 때문인가요?

선생님 맞아. 이 식에서는 편차의 부호가 차이를 만들지 않으니까.

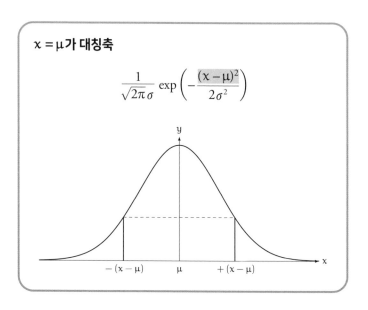

선생님 이 수식을 자세히 보면 x ⟶ ∞와 x ⟶ −∞에서 x축이
점근선이 된다는 것도 알 수 있어.

소녀 그건 〈지수부〉 ⟶ −∞가 되기 때문인가요?

선생님 그렇지.

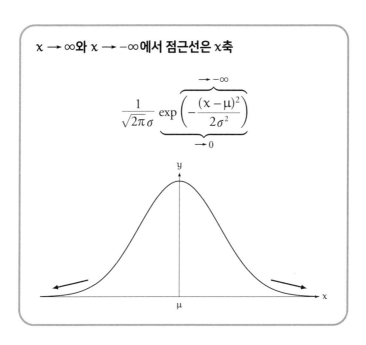

$x \longrightarrow \infty$와 $x \longrightarrow -\infty$에서 점근선은 x축

$$\frac{1}{\sqrt{2\pi}\,\sigma} \underbrace{\exp\left(\overbrace{-\frac{(x-\mu)^2}{2\sigma^2}}^{\longrightarrow\, -\infty}\right)}_{\longrightarrow\, 0}$$

소녀 표준편차는 여기와 여기에 있어요.

표준편차 σ

$$\frac{1}{\sqrt{2\pi}\,\sigma} \exp\left(-\frac{(x-\mu)^2}{2\sigma^2}\right)$$

선생님 맞았어.

소녀 평균 μ이 0이고, 표준편차 σ가 1이라면 훨씬 더 수식은
간단해지네요.

선생님 맞아. 정규분포 $N(0, 1^2)$은 표준정규분포라고 해.

표준정규분포 $N(0, 1^2)$의 확률밀도함수

$$\frac{1}{\sqrt{2\pi}} \exp\left(-\frac{x^2}{2}\right)$$

소녀 계수인 $\sqrt{2\pi}$ 는 지울 수 없나요?

선생님 −∞에서 ∞까지의 적분이 1이 된다는 사실에서 온 계
수여서 지울 수 없어. 일어날 수 있는 무언가가 발생할 확
률은 1이야.

$$\int_{-\infty}^{\infty} \frac{1}{\sqrt{2\pi}} \exp\left(-\frac{x^2}{2}\right) dx = 1$$

선생님 그래프에서도 알 수 있지만, 미분하면 x = μ에서 극댓

값을 갖는다는 사실을 알 수 있어. 여기에서는 최댓값도 되지. 미분을 사용하면 '변화를 파악'할 수 있는 거야.

소녀 선생님, 미분을 두 번 하면요?

선생님 응?

소녀 $\mu \pm \sigma$에서 '위로 볼록함'과 '아래로 볼록함'이 변하고 있는 것 같아요.

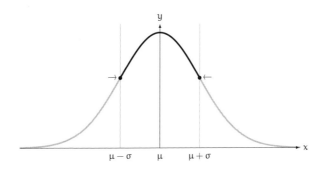

선생님 아, 그렇구나. $x = \mu \pm \sigma$에 변곡점이 있어.

소녀 미분을 두 번 하면 '변화의 변화를 파악'하는 거네요!

소녀는 그렇게 말하며 '푸히히' 웃었다.

해답

제1장의 해답

●●● 문제 1-1 (막대그래프 읽기)

어떤 사람이 제품 A와 제품 B의 성능을 비교하여 아래와 같은 막대그래프를 그렸다.

제품 A와 제품 B의 성능 비교

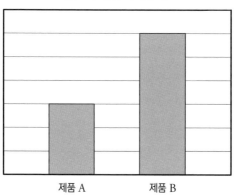

이 막대그래프에서 '제품 A보다 제품 B의 성능이 더 뛰어나다'라고 말할 수 있을까?

〈해답 1-1〉

이 막대그래프에는 가로축이 무엇을 나타내는지 나타나 있지 않으며, 눈금도 존재하지 않는다. 따라서 막대가 긴 제품 B가 성능이 더 좋다고 말할 수 없다.

〈보충 설명〉

막대가 긴 만큼 성능이 좋다고 말할 수 없는 사례를 보여 주고 있다.
두 종류의 컴퓨터 프로그램(제품 A와 제품 B)의 속도를 비교하
려고 한다.

아래의 그래프 ①은 명령한 계산을 종료하기까지 측정한 시간을
나타내었다. 제품 A는 15초에 계산을 종료하였으며, 제품 B는
30초에 계산을 종료했다. 이 경우, 막대그래프에서는 제품 B의
막대가 더 길지만, 이는 시간이 더 오래 걸렸다는 의미이기에 '성
능이 좋다'라고 말할 수 없다.

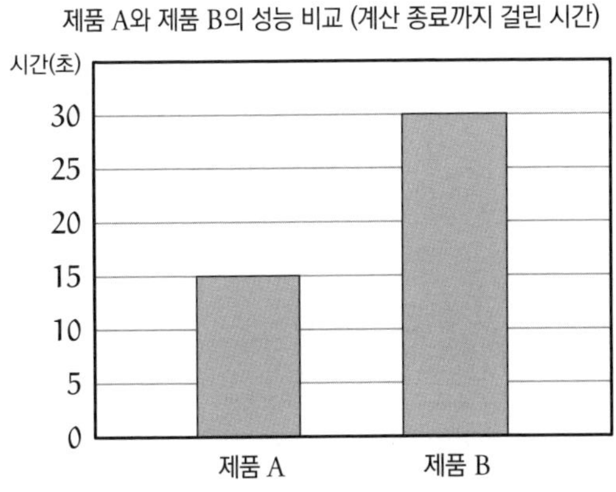

제품 A와 제품 B의 성능 비교 (계산 종료까지 걸린 시간)

그래프 ①

그다음, 그래프 ②에서는 정해진 시간에 계산할 수 있는 문제의 수를 측정했다. 제품 A는 1,500개, 제품 B는 3,000개의 문제를 계산했다. 이 경우, 제품 B가 더 많은 문제를 계산할 수 있기 때문에 '성능이 좋다'라고 말할 수 있다.

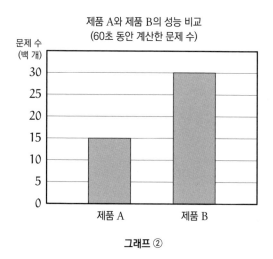

그래프 ②

그래프 ①과 ②는 축과 눈금을 제외하면 똑같은 모양을 하고 있지만, 의미는 전혀 다르다. 이처럼 **축과 눈금**을 확인하지 않으면, 그래프의 모양만 보고는 아무것도 알 수 없다.

또한 막대그래프는 '나타내려고 하는 수치'와 '막대의 길이'가 비례하도록 그리기 때문에 다음과 같은 사항을 주의해야 한다.

① 막대그래프의 눈금은 0부터 시작한다.

② 막대그래프의 중간은 생략하지 않는다.

●●● **문제 1-2 (꺾은선그래프 읽기)**

아래의 꺾은선그래프는 어느 해의 4월부터 6월까지의 기간에 식당 A와 레스토랑 B를 방문한 월별 고객 수를 비교한 것이다.

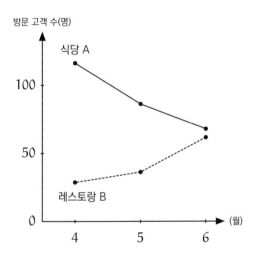

① 이 꺾은선그래프에서 '식당 A가 레스토랑 B보다 돈을 더 많이 번다'라고 말할 수 있을까?

② 이 꺾은선그래프에서 '해당 기간에 레스토랑 B는 월별 방문

고객 수가 증가하고 있다'라고 말할 수 있을까?

③ 이 꺾은선그래프에서 '7월에는 식당 A보다 레스토랑 B의
   방문 고객 수가 더 많아진다'라고 말할 수 있을까?

〈해답 1-2〉

① '식당 A가 레스토랑 B보다 돈을 더 많이 번다'라고 말할 수 없
   다. 이 꺾은선그래프가 나타내는 것은 '방문한 고객의 수'이지
   '벌어들인 이익'이 아니다. 식당 A의 그래프가 레스토랑 B의
   그래프보다 위에 있기 때문에 '식당 A의 방문객 수가 더 많다'
   라고는 말할 수 있지만 '식당 A가 돈을 더 많이 번다'라고는 말
   할 수 없으며, 마찬가지로 '레스토랑 B가 돈을 더 많이 번다'라
   고도 말할 수 없다. '방문 고객 수가 많으니 식당 A가 더 많이
   벌 가능성이 높다'라고 추측할 수는 있지만, 실제로 그런지는
   그래프만으로 알 수 없다.

② '해당 기간에 레스토랑 B는 매달 방문 고객 수가 증가하고 있
   다'라고 말할 수 있다. 해당 기간에 레스토랑 B의 그래프는 우
   상향하고 있다. 이는 매달 방문하는 고객의 수가 증가하고 있
   는 것을 나타내고 있다.

③ '7월에는 식당 A보다 레스토랑 B의 방문 고객 수가 더 많아진
   다'라고 말할 수 없다. 이 꺾은선그래프는 '어느 해의 4월부터

6월까지의 기간에 방문한 월별 고객 수'이다. 식당 A와 레스토랑 B의 방문 고객 수가 이와 같은 상태로 변화한다면 '7월에 방문한 고객 수는 식당 A보다 레스토랑 B가 더 많아질 것이다'라고 추측할 수는 있으나, 실제로 그렇게 될지는 알 수 없다.

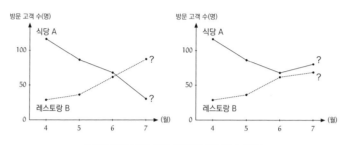

7월은 방문 고객 수가 어떻게 될지 알 수 없다

●●● **문제 1-3 (속임수의 발견)**

어떤 사람이 아래와 같은 '구매자 연령층'을 나타내는 원그래프를 사용해 '이 상품은 10~20대 고객에게 주로 팔린다'라고 주장했다. 이에 대해 반론해 보시오.

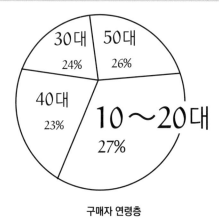

구매자 연령층

〈해답 1-3〉

반론의 요점을 제시한다.

- '10~20대'만 복수의 연령층을 더하고 있으므로 다른 연령층의
  수치보다 크게 보일 수 있다.

- '10~20대' 연령층의 글자만 크기 때문에 다른 연령층보다 커
  보인다.

- 원그래프의 중심이 벗어나 있기 때문에 '10~20대'의 연령층
  만 커 보인다.

- 구매자 한 사람이 상품을 여러 개 구입했을 가능성을 고려했는
  지, 고려하지 않았는지 명확하지 않다. 예를 들어 '10~20대' 구
  매자는 상품을 한 개 구입하지만, '40대' 구매자는 상품을 여러

개 구입하고 있을지도 모른다.

● 그래프의 모든 연령대의 수치를 더하면 100%가 되지만, 그래 프에는 60대 이상이 포함되어 있지 않다.

〈보충 설명〉

'이 문제처럼 엉터리로 원그래프를 그리는 사람은 없겠지'라고 생각할지도 모른다. 하지만 이는 TV의 정보 프로그램에서 실제 로 사용한 원그래프에서 힌트를 얻어 작성했다.

제2장의 해답

●●● **문제 2-1 (대푯값)**

10명의 학생이 10점 만점인 시험을 보고 아래와 같은 점수를 얻었다.

수험번호	1	2	3	4	5	6	7	8	9	10
점수	5	7	5	4	3	10	6	6	5	7

점수의 최댓값, 최솟값, 평균, 최빈값, 중앙값을 각각 구하시오.

〈해답 2-1〉

최댓값은 가장 큰 점수이므로 10점이다.

최솟값은 가장 작은 점수이므로 3점이다.

평균은 모든 점수를 더하고 인원수로 나누면 구할 수 있다.

$$\frac{5+7+5+4+3+10+6+6+5+7}{10} = \frac{58}{10} = 5.8$$

따라서 평균은 5.8점이다.

최빈값은 가장 인원이 많은 점수이므로 5점이다.

중앙값은 점수를 작은 순으로 나열하여, 중앙에 온 점수를 구한다. 인원수가 짝수(10명)이기 때문에 중앙값은 가운데 두 명의 평균이 된다(82쪽 참조).

수험번호	5	4	1	3	9	7	8	2	10	6
점수	3	4	5	5	5	6	6	7	7	10

낮은 점수순으로 나열한 표

가운데 두 명의 평균은 $\frac{5+6}{2}$ = 5.5이기 때문에 중앙값은 5.5점이다.

답: 최댓값 10점, 최솟값 3점, 평균 5.8점, 최빈값 5점, 중앙값 5.5점

●●● **문제 2-2 (대푯값의 해석)**

아래의 문장에서 이상한 부분을 지적하시오.

① 시험의 학년 평균은 62점이다. 즉 62점을 받은 학생이 가장 많다.

② 시험의 학년 최고 점수는 98점이다. 즉 98점을 받은 사람

은 한 명이다.

③ 시험의 학년 평균은 62점이다. 즉 62점보다 점수가 높은 사람과 낮은 사람의 수는 같다.

④ '기말 시험에서는 학년의 모든 학생이 학년 평균을 넘어야만 한다'라는 말을 들었다.

〈해답 2-2〉

① 평균이 62점이라도 62점을 받은 사람이 가장 많다고는 할 수 없다. 62점을 받은 사람이 가장 많다고 말할 수 있는 경우는 최빈값이 62점일 때이다.

② 학년 최고 점수가 98점일 때, 그 점수를 받은 사람이 오직 한 명이라고는 말할 수 없다. 98점 동점자가 2명 이상 있을지도 모르기 때문이다. 따라서 98점을 받은 사람이 적어도 한 명 이상 있다고 말할 수 있다.

③ 평균이 62점이라도 62점보다 낮은 점수를 받은 사람과 높은 점수를 받은 사람의 인원수가 같다고 말할 수 없다. 인원수가 같아지는 것은 중앙값이 62점일 때이다.*

④ 학년 전원이 학년 평균을 넘는 점수를 받는 것은 불가능하다.

---

* 중앙값에 동점인 사람이 있는 경우에는 같은 인원수가 되지 않을 수도 있다.

예를 들어 n명의 학생의 각 점수를 x_1, …, x_n이라고 하자. 이때 학년 평균을 m이라고 하면,

$$\frac{x_1 + \cdots + x_n}{n} = m \quad (\heartsuit)$$

이 성립한다. 여기에서 학년 전원이 학년 평균보다 높은 점수를 받았다면, k = 1, …, n의 모든 k에 대해

$$x_k > m$$

이라고 말할 수 있다. 그러면

$$x_1 + \cdots + x_n > \underbrace{m + \cdots + m}_{n개} = nm$$

이기 때문에

$$\frac{x_1 + \cdots + x_n}{n} > m$$

이 된다. 하지만 이는 ($\heartsuit$)에 모순되기 때문에 학년 전원이 학년 평균보다 높은 점수를 받는 것은 불가능하다.

●●● **문제 2-3 (수치의 추가)**

시험을 실시하여 학생 100명의 평균 점수 m_0를 계산했다. 계산
후 101번째 학생의 점수 x_{101}을 m_0의 계산에서 빠뜨렸다는 사실
을 깨달았다. 처음부터 다시 계산하기는 어려우므로 이미 계산한
평균 점수 m_0와 101번째 학생의 점수 x_{101}을 사용하여

$$m_1 = \frac{m_0 + x_{101}}{2}$$

을 새로운 평균 점수라고 했다. 이는 올바른 계산일까?

⟨해답 2-3⟩

문제의 계산은 올바르지 않다. 이 계산에서 구한 m_1은, 점수 x_{101}
을 다른 학생의 점수보다 100배의 무게를 가중하여 구한 평균이
되어 버린다. 올바른 평균 m은

$$m = \frac{100m_0 + x_{101}}{101}$$

로 얻을 수 있다.

답: 올바르지 않다.

제3장의 해답

- - - - - - - - - - - -

●●● **문제 3-1 (분산)**

n개의 수치$(x_1, x_2, \cdots, x_n)$로 만든 데이터가 있다고 가정하자. 이 데이터의 분산이 0이 되는 경우는 어떤 경우일까?

〈해답 3-1〉

데이터의 평균을 μ이라고 하자. 분산이 0이 되는 경우는 분산의 정의를 통해

$$\frac{(x_1 - \mu)^2 + (x_2 - \mu)^2 + \cdots + (x_n - \mu)^2}{n} = 0$$

로 나타낼 수 있다. 이 식이 성립하는 것은

$$x_1 - \mu = 0$$
$$x_2 - \mu = 0$$
$$\vdots$$
$$x_n - \mu = 0$$

일 때뿐이다. 따라서

$$x_1 = x_2 = \cdots x_n = \mu$$

일 때, 즉 모든 수치가 같을 때 분산이 0이 된다(그리고 이때 모든 수치는 평균과 같다).

답: 모든 수치가 같을 때 분산이 0이 된다.

●●● **문제 3-2 (표준점수)**

표준점수에 관한 ①~④의 질문에 답하시오.

① 점수가 평균보다 높을 때, 자신의 표준점수는 50보다 크다고 할 수 있을까?

② 표준점수가 100이 넘는 경우가 있을까?

③ 전체 평균 점수와 자신의 점수를 알면 자신의 표준점수를 계산할 수 있을까?

④ 학생 두 명의 점수 차가 3점이라면, 표준점수의 차도 3일까?

〈해답 3-2〉

직감으로 대답하지 않고 **표준점수의 정의를 사용해 생각하는 것이**

중요하므로, 먼저 표준점수의 정의를 확인하자. 점수를 x, 평균 점수를 μ, 표준편차를 σ라고 할 때, 표준점수 y는

$$y = 50 + 10 \times \frac{x - \mu}{\sigma}$$

라고 할 수 있다.

① 점수가 평균보다 높을 때, 자신의 표준점수는 50보다 크다고 할 수 있을까?

점수가 평균 점수보다 높을 때, x > μ가 성립하므로

$$x - \mu > 0$$

이라고 말할 수 있다. 또한 평균 점수보다 점수가 높은 학생이 있다는 점에서

$$\sigma > 0$$

이라고 말할 수 있다(해설 참조). 이에 따라

$$50 + 10 \times \underbrace{\frac{x - \mu}{\sigma}}_{>0} > 50$$

이 되어, 표준점수는 50보다 크다는 것을 알 수 있다. 따라서 점수가 평균 점수보다 높을 때, 표준점수는 50보다 크다고 할 수 있다.

답: ① 점수가 평균 점수보다 높을 때,
표준점수는 50보다 크다고 할 수 있다.

해설

일반적으로 표준편차 σ에 대해 $\sigma \geq 0$이 성립한다. $\sigma = 0$이 성립하는 경우는 데이터의 모든 수치가 같을 때밖에 없다(해설 3-1 참고). 따라서 점수가 평균 점수보다 높은 학생이 있는 경우, $\sigma > 0$라고 말할 수 있다.

② **표준점수가 100이 넘는 경우가 있을까?**

극단적인 경우를 생각해 보자. 수험자 100명 가운데 오직 한 명이 100점, 나머지 99명이 0점이라고 가정한다. 이때 평균 μ과 분산 V는 각각 아래와 같이 계산할 수 있다.

$$\mu = \frac{\overbrace{0 + 0 + \cdots + 0}^{99\text{개}} + 100}{100}$$

$$= \frac{100}{100}$$

$$= 1$$

$$V = \frac{\overbrace{(0-\mu)^2 + (0-\mu)^2 + \cdots + (0-\mu)^2}^{99\text{개}} + (100-\mu)^2}{100}$$

$$= \frac{\overbrace{(0-1)^2 + (0-1)^2 + \cdots + (0-1)^2}^{99\text{개}} + (100-1)^2}{100}$$

$$= \frac{99 + 99^2}{100}$$

$$= 99$$

따라서 표준편차 σ의 크기를 조사하면

$$\sigma = \sqrt{V} = \sqrt{99} < \sqrt{100} = 10$$

이 되고

$$\sigma < 10 \ \ \text{즉} \ \ \frac{1}{\sigma} > \frac{1}{10}$$

이라고 말할 수 있다. 이를 사용해 100점을 받은 사람의 표준점수 y를 평가한다.

$$y = 50 + 10 \times \frac{100 - \mu}{\sigma}$$

$$= 50 + 10 \times \frac{100 - 1}{\sigma} \qquad \mu = 1$$

$$> 50 + 10 \times \frac{99}{10} \qquad \frac{1}{\sigma} > \frac{1}{10}$$

$$= 149$$

즉

$$y > 149$$

라고 할 수 있으며, 표준점수가 100을 넘는다는 사실을 알 수 있다.

답: ② 표준점수가 100을 넘는 경우가 있다.

해설

일반적으로 표준점수가 100을 넘는 경우는 점수 x가 평균 점수보다 5σ 이상 클 때, 다시 말해 x가

$$x - \mu > 5\sigma$$

를 만족할 정도로 클 때이다. 이때

$$50 + 10 \times \underbrace{\frac{x - \mu}{\sigma}}_{>5} > 100$$

가 성립하기 때문이다. 동일한 계산에 의해, x가 $x - \mu < -5\sigma$를 만족할 때는 표준점수가 0보다 작아진다. 즉 표준점수가 음수가 되는 경우도 있다.

③ 전체 평균 점수와 자신의 점수를 알면 자신의 표준점수를 계산할 수 있을까?

표준점수의 정의에 따라 자신의 표준점수는

$$50 + 10 \times \frac{x - \mu}{\sigma}$$

로 구할 수 있다. 전체 평균 점수 μ와 자신의 점수 x를 알고 있어도 전체의 표준편차 σ를 모르기 때문에 자신의 표준점수를 계산할 수 없다.

> 답: ③ 전체 평균 점수와 자신의 점수를 알더라도
> 자신의 표준점수는 계산할 수 없다.

④ **학생 두 명의 점수 차가 3점이라면, 표준점수의 차도 3일까?**

점수 차가 3점인 두 명의 점수를 x와 x +3이라고 하고, 표준점수의 정의를 사용해 표준점수의 차를 계산한다.

$$\left\{\left(50 + 10 \times \frac{(x+3) - \mu}{\sigma}\right) - \left(50 + 10 \times \frac{x - \mu}{\sigma}\right)\right\}$$

$$= 10 \times \left\{\left(\frac{(x+3) - \mu}{\sigma} - \frac{x - \mu}{\sigma}\right)\right\}$$

$$= 10 \times \frac{3}{\sigma}$$

계산에 따라 학생 두 명의 점수 차가 3점일 때, 표준점수의 차는 3점이 된다고 단정할 수 없다. 표준편차가 σ = 10일 때에만 표준점수의 차가 3이 된다.

답: ④ 점수 차가 3점이라면
표준점수의 차도 3이라고 단언할 수 없다.

●●● 문제 3-3 (놀라움의 정도)

본문에는 평균이 같아도 분산이 다르면 100점의 '대단함'도 달라진다는 이야기가 나왔다(137쪽). 아래의 시험 결과 A와 시험 결과 B는 학생 10명이 받은 시험 결과로, 모두 평균이 50점이다. 시험 결과 A와 시험 결과 B에서 각각 100점에 대한 표준점수를 구하시오.

수험번호	1	2	3	4	5	6	7	8	9	10
점수	0	0	0	0	0	100	100	100	100	100

시험 결과 A

수험번호	1	2	3	4	5	6	7	8	9	10
점수	0	30	35	50	50	50	50	65	70	100

시험 결과 B

〈해답 3-3〉

표에서 시험 결과 A가 분산이 커 보이므로, 같은 100점이라고 하더라도 시험 결과 A의 표준점수가 낮아진다고 예상할 수 있다. 하지만 실제 표준점수를 구하기 위해서는 표준점수의 정의에 따라 계산해야 한다.

(시험 결과 A)

μ_A를 평균, V_A를 분산, σ_A를 표준편차라고 하자.

$$\mu_A = \frac{0+0+0+0+0+100+100+100+100+100}{10}$$
$$= 50$$

$$V_A = \frac{\overbrace{(0-\mu_A)^2 + \cdots + (0-\mu_A)^2}^{5개} + \overbrace{(100-\mu_A)^2 + \cdots + (100-\mu_A)^2}^{5개}}{10}$$

$$= \frac{\overbrace{(0-50)^2 + \cdots + (0-50)^2}^{5개} + \overbrace{(100-50)^2 + \cdots + (100-50)^2}^{5개}}{10}$$

$$= 2500$$

$$\sigma_A = \sqrt{V_A}$$
$$= \sqrt{2500}$$
$$= 50$$

위의 내용을 바탕으로 100점에 대한 표준점수를 계산한다.

$$50 + 10 \times \frac{100 - \mu_A}{\sigma_A} = 50 + 10 \times \frac{100 - 50}{50}$$

$$= 60$$

따라서 시험 결과 A에서의 100점에 대한 표준점수는 60이다.

(시험 결과 B)

μ_B를 평균, V_B를 분산, σ_B를 표준편차라고 하자.

$$\mu_B = \frac{0 + 30 + 35 + 50 + 50 + 50 + 50 + 65 + 70 + 100}{10}$$

$$= 50$$

$$V_B = \frac{1}{10} \{(0 - \mu_B)^2 + (30 - \mu_B)^2 + (35 - \mu_B)^2 + (50 - \mu_B)^2 + (50 - \mu_B)^2$$

$$+ (50 - \mu_B)^2 + (50 - \mu_B)^2 + (65 - \mu_B)^2 + (70 - \mu_B)^2 + (100 - \mu_B)^2\}$$

$$= \frac{1}{10} \{(0 - 50)^2 + (30 - 50)^2 + (35 - 50)^2 + (50 - 50)^2 + (50 - 50)^2$$

$$+ (50 - 50)^2 + (50 - 50)^2 + (65 - 50)^2 + (70 - 50)^2 + (100 - 50)^2\}$$

$$= 625$$

$$\sigma_B = \sqrt{V_B}$$

$$= \sqrt{625}$$

$$= 25$$

위의 내용을 바탕으로 100점에 대한 표준점수를 계산한다.

$$50 + 10 \times \frac{100 - \mu_B}{\sigma_B} = 50 + 10 \times \frac{100 - 50}{25}$$

$$= 70$$

따라서 시험 결과 B에서의 100점에 대한 표준점수는 70이다.

> 답: 시험 결과 A에서의 100점은 표준점수 60이며,
> 시험 결과 B에서의 100점은 표준점수 70이다.

●●● 문제 3-4 (정규분포와 '34, 14, 2')

본문에서는 정규분포의 그래프를 표준편차 σ의 간격으로 구역을 나누면 대략 34%, 14%, 2%의 비율이 된다는 내용을 다루었다(167쪽).

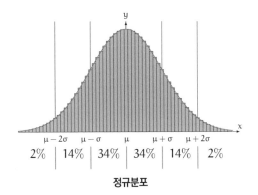

정규분포

데이터의 분포가 정규분포에 가깝다고 가정할 때, 아래의 부등식을 만족하는 수치 x의 개수가 전체에서 차지하는 대략적인 비율을 구하시오. 단 μ은 평균, σ는 표준편차를 나타낸다고 가정한다.

① $\mu - \sigma < x < \mu + \sigma$

② $\mu - 2\sigma < x < \mu + 2\sigma$

③ $x < \mu + \sigma$

④ $\mu + 2\sigma < x$

〈해답 3-4〉

모두 34%, 14%, 2%를 사용하여 구할 수 있다.

① $\mu - \sigma < x < \mu + \sigma$는 $34 + 34 = 68$이므로 약 68%이다.

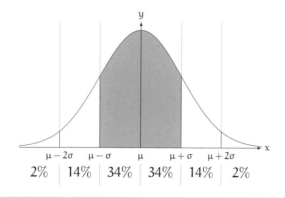

| | 2% | 14% | 34% | 34% | 14% | 2% |

② $\mu - 2\sigma < x < \mu + 2\sigma$는 $14 + 34 + 34 + 14 = 96$이므로 약 96%이다.

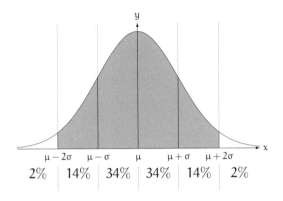

③ $x < \mu + \sigma$는 $2 + 14 + 34 + 34 = 50 + 34 = 84$이므로 약 84% 이다.

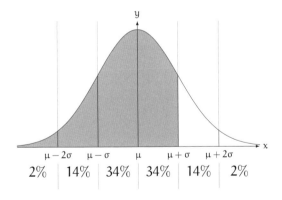

④ $\mu + 2\sigma < x$는 약 2%이다.

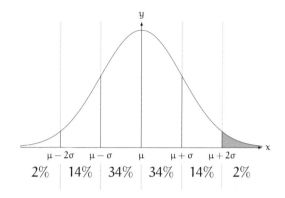

답: ① 약 68% ② 약 96% ③ 약 84% ④ 약 2%

제4장의 해답

●●● 문제 4-1 (기댓값과 표준편차의 계산)

주사위를 1번 던지면,

$$\boxed{\cdot}^1, \boxed{\cdot}^2, \boxed{\cdot}^3, \boxed{\cdot}^4, \boxed{\cdot}^5, \boxed{\cdot}^6$$

이라는 6가지의 눈이 나온다. 주사위를 1번 던질 때, 나오는 눈의 기댓값과 표준편차를 구해 보자. 단 주사위의 어떠한 눈이든 나올 확률은 $\frac{1}{6}$ 이라고 가정한다.

〈해답 4-1〉

구하려는 기댓값은 '주사위의 나오는 눈'에 '그 눈이 나올 확률'을 곱하고, 모든 경우를 더하여 얻을 수 있다.

$$\begin{aligned}
\text{기댓값} &= 1 \times \frac{1}{6} + 2 \times \frac{1}{6} + 3 \times \frac{1}{6} + 4 \times \frac{1}{6} + 5 \times \frac{1}{6} + 6 \times \frac{1}{6} \\
&= \frac{1+2+3+4+5+6}{16} \\
&= \frac{21}{6} \\
&= 3.5
\end{aligned}$$

구하려는 표준편차는 $\sqrt{분산}$으로 얻을 수 있기 때문에 먼저 분산을 구한다. 분산은 203쪽의 식,

$$\langle 분산 \rangle = \langle 제곱의 \ 기댓값 \rangle - \langle 기댓값의 \ 제곱 \rangle$$

으로 계산할 수 있다.

분산
$$= \left(1^2 \times \frac{1}{6} + 2^2 \times \frac{1}{6} + 3^2 \times \frac{1}{6} + 4^2 \times \frac{1}{6} + 5^2 \times \frac{1}{6} + 6^2 \times \frac{1}{6}\right) - \left(\frac{21}{6}\right)^2$$
$$= \frac{1^2 + 2^2 + 3^2 + 4^2 + 5^2 + 6^2}{6} - \left(\frac{21}{6}\right)^2$$
$$= \frac{91}{6} - \frac{441}{36}$$
$$= \frac{105}{36}$$
$$= \frac{35}{12}$$

표준편차
$$= \sqrt{\frac{35}{12}}$$

답: 기댓값은 3.5, 표준편차는 $\sqrt{\frac{35}{12}}$

●●● **문제 4-2 (주사위 게임)**

혼자서 주사위를 던져 점수를 얻는 게임을 한다. 아래의 게임 ①
과 게임 ②에 대해, 게임을 한 번 진행했을 때 얻을 수 있는 점수
의 기댓값을 각각 구해 보시오.

게임 ①

주사위를 2번 던져서 나오는 눈의 곱이 점수가 된다.

(🎲과 🎲가 나오면, 점수는 $3 \times 5 = 15$)

게임 ②

주사위를 1번 던져서 나오는 눈의 제곱이 점수가 된다.

(🎲가 나오면, 점수는 $4^2 = 16$)

〈해답 4-2〉

게임 ①의 기댓값을 E_1이라고 하고, 게임 ②의 기댓값을 E_2이라
고 하자.

게임 ①

주사위를 2번 던져서 나온 눈을 각각 k, j라고 할 때 점수는 kj이
며, 나온 눈금이 k, j가 될 확률은 $\frac{1}{6 \times 6}$이다. k를 1에서 6까지 바

꾸고, 그 각각에 대해 j를 1에서 6까지 바꿀 때, $\dfrac{kj}{6 \times 6}$의 총합이 기댓값 E_1이다.

$$E_1 = \sum_{k=1}^{6} \sum_{j=1}^{6} \frac{kj}{6 \times 6}$$

$$= \frac{1}{36} \, (1 \times 1 + 1 \times 2 + \cdots + 1 \times 6 + 2 \times 1 + 2 \times 2 + \cdots + 2 \times 6$$

$$+ 3 \times 1 + 3 \times 2 + \cdots + 3 \times 6 + 4 \times 1 + 4 \times 2 + \cdots + 4 \times 6$$

$$+ 5 \times 1 + 5 \times 2 + \cdots + 5 \times 6 + 6 \times 1 + 6 \times 2 + \cdots + 6 \times 6)$$

$$= \frac{441}{36}$$

$$= \frac{49}{4}$$

게임 ②

주사위를 1번 던져서 나온 눈을 k라고 할 때 점수는 k^2이며, 나온 눈금이 k가 될 확률은 $\dfrac{1}{6}$이다. k를 1에서 6까지 바꾸었을 때, $\dfrac{k^2}{6}$의 총합이 기댓값 E_2이다.

$$E_2 = \sum_{k=1}^{6} \frac{k^2}{6}$$

$$= \frac{1}{6} \, (1^2 + 2^2 + 3^2 + 4^2 + 5^2 + 6^2)$$

$$= \frac{91}{6}$$

답: 게임 ①의 기댓값은 $\frac{49}{4}$이고, 게임 ②의 기댓값은 $\frac{91}{6}$이다.

〈보충 설명〉

게임 ①과 게임 ②의 기댓값은 각각 아래의 표에 기입된 수의 평균이 된다.

	⚀ 1	⚁ 2	⚂ 3	⚃ 4	⚄ 5	⚅ 6
⚀ 1	1	2	3	4	5	6
⚁ 2	2	4	6	8	10	12
⚂ 3	3	6	9	12	15	18
⚃ 4	4	8	12	16	20	24
⚄ 5	5	10	15	20	25	30
⚅ 6	6	12	18	24	30	36

게임 ①의 점수(나온 눈의 곱)

⚀ 1	⚁ 2	⚂ 3	⚃ 4	⚄ 5	⚅ 6
1	4	9	16	25	36

게임 ②의 점수(나온 눈의 제곱)

제5장의 해답

- - - - - - - - - - - - -

●●● 문제 5-1 (기댓값의 계산)

공정한 주사위를 10번 던지는 시행을 생각해 보자. 주사위를 던져서 나온 눈의 합계를 나타내는 확률변수를 X라고 할 때, X의 기댓값 E(X)를 구하시오.

〈해답 5-1〉

k번째에 나온 눈을 나타내는 확률변수를 X_k라고 하면, 문제 4-1의 결과(326쪽)에 의해

$$E(X_1) = E(X_2) = \cdots = E(X_{10}) = 3.5$$

가 된다. 또한

$$X = X_1 + X_2 + \cdots + X_{10}$$

이 성립하기 때문에 **기댓값의 선형성**을 사용해 E(X)를 구할 수 있다.

$$E(X) = E(X_1 + X_2 + \cdots + X_{10})$$
$$= E(X_1) + E(X_2) + \cdots + E(X_{10})$$
$$= 10 \times 3.5$$
$$= 35$$

답: 기댓값은 35이다.

● ● ● **문제 5-2 (이항분포)**

공정한 동전을 10번 던질 때, 앞면이 나올 횟수의 확률분포, 즉
이항분포 $B(10, \frac{1}{2})$의 그래프를 아래와 같이 나타내었다.

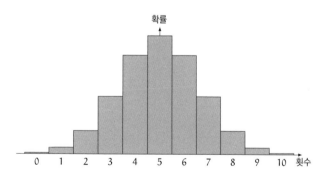

**공정한 동전을 10번 던졌을 때,
앞면이 나올 횟수의 확률분포
이항분포 $B(10, \frac{1}{2})$**

그렇다면 공정한 동전을 5번 던질 때 앞면이 나올 횟수의 확률분포, 즉 이항분포 $B(5, \frac{1}{2})$의 그래프를 그리시오.

〈해답 5-2〉

공정한 동전을 5번 던졌을 때 앞면이 나오는 횟수의 확률분포를 표로 나타내면 아래와 같다.

k	0	1	2	3	4	5
$\frac{\binom{5}{k}}{2^5}$	$\frac{1}{32}$	$\frac{5}{32}$	$\frac{10}{32}$	$\frac{10}{32}$	$\frac{5}{32}$	$\frac{1}{32}$

이항분포 $B(5, \frac{1}{2})$

이를 다시 그래프로 나타내면 아래와 같다.

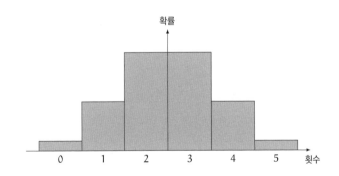

공정한 동전을 5번 던졌을 때, 앞면이 나올 횟수의 확률분포
이항분포 $B(5, \frac{1}{2})$

●●● **문제 5-3 [위험률(유의수준)]**

제5장에서 위험률(유의수준)에 대한 테트라의 질문에 미르카는 '오류를 범하는 것을 위험이라고 표현'한다고 대답했다(252쪽). 위험률을 크게 하면 어떤 오류를 범할 가능성이 높아지는 것일까?

〈해답 5-3〉

위험률을 크게 하면 기각역이 커지므로 '귀무가설이 옳은데도 기각'하는 오류를 범할 가능성이 커진다.

답: 귀무가설이 옳은데도 기각하는 오류

〈보충 설명〉

위험률을 크게 하면 '귀무가설이 옳은데도 기각'하는 오류를 범할 가능성이 커진다. 하지만 반대로 위험률을 낮게 설정하면 이번에는 '귀무가설이 옳지 않은데도 기각하지 않을', 또 다른 오류를 범할 가능성이 커진다. 이러한 두 가지의 오류를 각각 '제1종 오류'와 '제2종 오류'라고 부른다.

제1종 오류 귀무가설이 옳은데도 기각하는 오류
제2종 오류 귀무가설이 옳지 않은데도 기각하지 않는 오류

●●● **문제 5-4 (가설 검정)**

250쪽의 가설 검정을 위해 '동전은 공정하다'라는 귀무가설을 세우고 동전을 10번 던졌을 때,

앞뒤앞앞뒤뒤뒤앞앞앞

이 되었다. 그러자 어떤 사람은 다음과 같이 주장했다.

> **주장**
>
> '앞뒤앞앞뒤뒤뒤앞앞앞'이라는 패턴은 동전을 10번 던질 때, 같은 확률로 나올 1,024가지 패턴 가운데 단 하나밖에 존재하지 않는다. 즉 이 패턴이 나올 확률은 $\frac{1}{1024}$가 된다는 의미이다. 따라서 '동전은 공정하다'라는 귀무가설은 위험률 1%에서 기각된다.

이는 올바른 주장일까?

〈해답 5-4〉

이 주장은 오류이다.

250쪽과 마찬가지로 '동전은 공정하다'라는 귀무가설을 세우고, 위험률 1%에서 가설 검정을 시행한다고 가정하자. '뒤뒤뒤뒤뒤뒤뒤뒤뒤뒤'가 나올 확률과 '앞뒤앞앞뒤뒤뒤앞앞앞'이 나올 확률은 모두 $\frac{1}{1024}$이다. 하지만

- '뒤뒤뒤뒤뒤뒤뒤뒤뒤뒤'인 경우 귀무가설을 기각한다.
- '앞뒤앞앞뒤뒤뒤앞앞앞'인 경우 귀무가설을 기각할 수 없다.

라는 차이가 일어난다.

이런 차이가 일어나는 이유는 이 가설 검정에서 검정 통계량이 무엇인지를 생각하면 이해할 수 있다. 귀무가설을 기각하기 위해서는 귀무가설이 세워진 조건에서 '놀랄 만한 일'이 일어나야 한다. 여기에서 '놀랄 만한 일'이 일어날지, 일어나지 않을지는 '앞면이 나올 횟수'를 사용해 판단한다. 즉 여기에서는 '앞면이 나올 횟수'가 가설 검정의 순서(246쪽)에서 결정하는 검정 통계량이 되는 것이다.

귀무가설에서 말할 수 있는 '놀랄 만한 일'을 '앞면이 나올 횟수'라는 검정 통계량에 의해 나타내 보자. 귀무가설의 가정에서 '앞면이 나올 횟수'의 확률분포는 이항분포 $B(5, \frac{1}{2})$가 되지만, 이때 이항분포의 중앙에서 멀어질수록 더 '놀랄 만한 일'이 일어난다

고 말할 수 있다. 구체적으로는 '앞면이 나올 횟수'가 0에 가까울 수록, 또 10에 가까울수록 더 '놀랄 만한 일'이 일어나게 된다. 검정 통계량이 이항분포의 중앙으로부터 얼마나 떨어져야 기각할 수 있을 정도의 '놀랄 만한 일'이 일어난다고 말할 수 있는지는 가설 검정의 시행에서 기각역으로 결정한다.

'뒤뒤뒤뒤뒤뒤뒤뒤뒤'의 패턴은 이항분포의 중앙으로부터 멀어져 '앞면이 나올 횟수'라는 검정 통계량이 기각역에 들어올 정도로 '놀랄 만한 일'이 일어나게 되며, 이에 따라 귀무가설을 기각할 수 있다.

하지만 '앞뒤앞앞뒤뒤뒤앞앞앞'이라는 패턴은 기각역에 들어갈 정도로 '놀랄 만한 일'이 일어나지 않기 때문에 귀무가설을 기각할 수 없다.

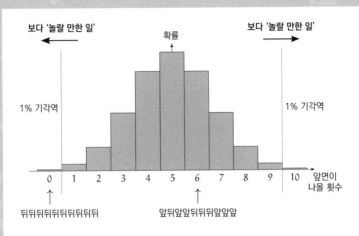

보다 '놀랄 만한 일' ←

확률

보다 '놀랄 만한 일' →

1% 기각역

1% 기각역

| 0 | 1 | 2 | 3 | 4 | 5 | 6 | 7 | 8 | 9 | 10 | 앞면이 나올 횟수 |

↑
뒤뒤뒤뒤뒤뒤뒤뒤뒤뒤

↑
앞뒤앞앞뒤뒤뒤앞앞앞

'앞면이 나올 횟수'의 확률분포

게다가 여기에서는 각각의 동전 던지기가 독립적이라고 가정하고 있다. 또한 이 책에서는 분포의 양측에 기각역을 설정하는 '양측 검정'을 이용하고 있다. 이와 달리 분포의 한쪽 측면에 기각역을 설정하는 '단측 검정'이라는 방법도 존재한다.

이 책에 나오는 수학 관련 이야기 외에도 '좀 더 생각해보고 싶은' 독자를 위해 다음과 같은 연구 문제를 소개합니다. 이 문제들의 해답은 이 책에 실려 있지 않으며, 오직 하나의 정답만이 있는 것도 아닙니다.

여러분 혼자 또는 이런 문제에 대해 대화를 나눌 수 있는 사람들과 함께 곰곰이 생각해보시기 바랍니다.

제1장 그래프의 속임수

••• 연구 문제 1-X1 (오해를 불러일으키는 그래프 찾기)

제1장에서 '나'와 유리는 많은 그래프를 그리고, '오해를 불러일으키는 그래프'도 살펴보았다. 우리 주변에서 '오해를 불러일으키는 그래프'를 찾아보자. 또 그 그래프는 어떤 오해를 하게 되는 그래프인지 생각해 보자.

제2장 **평평하게 다지는 평균**

●●● **연구 문제 2-X1 (산술평균과 기하평균)**

평균에는 여러 종류가 존재한다. 제2장의 본문에서는 모든 수치를 더하고 수치의 개수인 n으로 나누는 **산술평균**이 등장했다. 그 외에도 수치를 모두 곱하여 n제곱근을 구하는 **기하평균**도 있다. 수치가 2개(x_1과 x_2)인 경우, 산술평균과 기하평균은 각각 아래와 같다.

$$\frac{x_1 + x_2}{2} \qquad \sqrt{x_1 x_2}$$

산술평균   기하평균

$x_1 \geq 0$, $x_2 \geq 0$일 때, 산술평균과 기하평균의 크기를 비교해 보자.

●●● **연구 문제 2-X2 (평균으로 얻을 수 있는 값)**

주사위를 1번 던졌을 때,

$$\boxed{\cdot}, \boxed{:}, \boxed{\therefore}, \boxed{::}, \boxed{\because}, \boxed{:::}$$

의 6가지 눈이 나온다. 주사위를 10번 던졌을 때, 나온 눈의 평균으로 얻을 수 있는 값은 몇 가지일까?

n을 양의 정수라고 가정한다. x에 관한 n차 방정식 $x^n = 1$의 해를 $x = \alpha_1, \alpha_2, \cdots, \alpha_n$이라고 할 때,

$$\frac{\alpha_1 + \alpha_2 + \cdots + \alpha_n}{n}$$

의 값을 구하시오.

제3장 놀라운 표준점수

●●● **연구 문제 3-X1 (분산의 일반화)**

제3장에서 분산은 '편차 제곱'의 평균이라는 이야기가 등장했다 (123쪽). 분산은 아래와 같은 식으로 정의할 수 있다.

$$\frac{(x_1 - \mu)^2 + (x_2 - \mu)^2 + \cdots + (x_n - \mu)^2}{n}$$

이 정의는 다음과 같이 일반화할 수 있다(m은 양의 정수).

$$\frac{(x_1 - \mu)^m + (x_2 - \mu)^m + \cdots + (x_n - \mu)^m}{n}$$

이 통계량은 x_1, x_2, $\cdots$, x_n의 어떤 성질을 나타내고 있다고 말할 수 있을까? m의 값에 따라 어떻게 달라지는지 생각해 보자.

●●● **연구 문제 3-X2 (분산의 관계식)**

제3장에서 분산과 평균의 관계식이 등장했다(132쪽).

$$\langle a와\ b의\ 분산 \rangle = \langle a^2과\ b^2의\ 평균 \rangle - \langle a와\ b의\ 평균 \rangle^2$$

이를 n개의 수치로 일반화한 다음의 식을 증명해 보시오.

$$\frac{1}{n}\sum_{k=1}^{n}(x_k-\mu)^2 = \frac{1}{n}\sum_{k=1}^{n}x_k^2 - \left(\frac{1}{n}\sum_{k=1}^{n}x_k\right)^2$$

단, μ는 x_1, x_2, $\cdots$, x_n의 평균을 의미한다.

●●● **연구 문제 3-X3 (표준편차 찾기)**

제3장에서 미르카는 "'대단하다'라고 놀라려면 평균과 표준편차를 모두 확인한 후에 놀라야 한다"라고 말했다(165쪽). 우리의 주변에 존재하는 통계 데이터(시험 점수, 각국의 인구, 교통사고 수 등)에 '평균'이 기재되어 있을 때 '표준편차'도 포함되어 있는지 조사해 보자.

제4장 동전을 10번 던졌을 때

●●● 연구 문제 4-X1 (10번째의 판단)

어떤 사람이 동전을 9번 던졌을 때,

앞뒤앞앞뒤뒤뒤뒤뒤

라는 패턴이 되었다(앞면이 3번, 뒷면이 6번). 이 사람은 10번째로 동전을 던지기 전에 이렇게 생각했다.

> 동전을 10번 던졌을 때,
>
> - 앞면이 3번 나올 경우의 수는 $\binom{10}{3} = 120$
> - 앞면이 4번 나올 경우의 수는 $\binom{10}{4} = 210$
>
> 이라는 사실을 알고 있다. 다시 말해 다음 10번째에는 앞면이 나올 가능성이 높다.

여러분은 어떻게 생각하는가?

제5장 던진 동전의 정체

●●● 연구 문제 5-X1 (확률이 0이 아닐 때)

제5장에서 미르카는 "'확률이 0이 아니면 어떤 일이 발생해도 이 상하지 않다'라고 말하고 싶은 마음은 이해해"라고 말했다(243 쪽). 여러분은 '확률이 0이 아니면 무슨 일이 일어나도 이상하지 않다'라는 주장에 대해 어떻게 생각하는가? 아래의 항목과 함께 생각해 보자.

- 동전을 1000번 던졌을 때, 모두 앞면이 나올 확률은 0이 아 니다.

- 동전을 1억 번 던졌을 때, 모두 앞면이 나올 확률은 0이 아 니다.

- 동전을 10^{25}번 던졌을 때, 모두 앞면이 나올 확률은 0이 아 니다.

- 책상 아래에는 공기가 있으며, 공기에 포함되어 있는 수많은 기체 분자는 미세하게 진동하고 있다. 이 진동의 방향이 우연 히 일치할 확률은 0이 아니다. 따라서 갑자기 책상이 공기 중 으로 튀어 오를 확률은 0이 아니다.

●●● **연구 문제 5-X2 (폰 노이만의 알고리즘)**

다음은 만약 동전이 편향되어 있어도 '공정한 동전'을 구현할 수 있는 폰 노이만의 알고리즘[*]이다.

> **순서 1**. 동전을 2번 던진다.
> **순서 2**. '앞앞' 또는 '뒤뒤'가 나오면 순서 1로 돌아간다.
> **순서 3**. '앞뒤'가 나오면 실험 결과를 '앞'으로 종료한다.
> **순서 4**. '뒤앞'이 나오면 실험 결과를 '뒤'로 종료한다.

던지는 동전이 아래의 조건을 만족한다고 가정할 때, 이 알고리즘이 확실히 '공정한 동전'을 구현할 수 있는지 생각해 보자.

- 동전에서 '앞면'이 나올 확률 p가 일정하다.
- $p \neq 0$ 및 $p \neq 1$이다.
- 각각의 동전 던지기는 독립적이다.

---

[*] John von Neumann, "Various Techniques Used in Connection with Random Digits."Applied Mathematics Series, vol. 12, U. S. National Bureau of Standards, 1951, pp. 36–38. 이 방법은 하드웨어에서 난수를 생성할 때 0과 1의 생성 확률이 왜곡되는 것을 바로잡기 위해 현대에서도 사용되고 있다.

맺음말

《수학 소녀의 비밀 노트 - 엉뚱해 통계》를 읽어주셔서 감사합니다. 많은 사람들은 '통계'라는 단어를 듣고 데이터에 포함된 수많은 수치의 평균을 계산하는 것을 떠올립니다. 평균은 매우 중요한 개념이지만, 평균만으로는 데이터가 가진 아주 일부의 모습만 알 수 있습니다. 평균에서한 걸음 더 나아간 중요한 개념이 바로 표준편차입니다. 이 책의 인물들과 함께 여러분도 표준편차의 매력에 빠져 보는 것은 어떨까요?

이 책은 'cakes'라는 웹사이트에 올린 연재 글 '수학 소녀의 비밀 노트' 121회부터 130회까지의 내용을 재편집한 것입니다. 이 책을 읽고 '수학 소녀의 비밀 노트' 시리즈에 흥미를 느꼈다면 다른 글도 꼭 읽어보길 바랍니다.

'수학 소녀의 비밀 노트' 시리즈는 쉬운 수학을 소재로, 중학생인 유리와 고등학생인 테트라, 미르카, 그리고 '나'가 즐거운 수학 이야기를 펼쳐 나가는 책입니다.

　같은 등장인물들이 활약하는 '수학 소녀의 비밀 노트'의 다른 시리즈도 있습니다. 이 시리즈는 더욱더 폭넓은 수학에 도전하는 수학 청춘 스토리입니다. 부디 이 시리즈도 읽어 보시기 바랍니다. 특히 《수학 소녀의 비밀 노트 – 확률의 모험》에서는 확률에 대해 본격적으로 다루고 있습니다. '수학 소녀의 비밀 노트' 시리즈 모두 응원 부탁드립니다.

　이 책은 LATEX2ε와 Euler 폰트(AMS Euler)를 사용하여 조판하였습니다. 조판에는 오쿠무라 하루히코 선생님의 《LATEX2ε 아름다운 문서 작성 입문》과 요시나가 데쓰미 선생님의 《LATEX2ε 사전》의 도움을 받았으며, 도판은 OmniGraffle, TikZ, TEX2img을 사용하여 작성하였습니다. 감사합니다.

집필 과정에서 원고를 읽고 귀중한 의견을 보내주신 아래의 분들과 그 외 익명의 분들께도 감사드립니다. 당연히 이 책의 내용 중에 오류가 있다면, 이는 모두 저의 잘못이며 아래의 분들에게는 책임이 없습니다.

이카와 유스케, 이시이 하루카, 이시우 데쓰야, 이나바 가즈히로, 우에하라 류헤이, 우에마쓰 야키미, 우치다 다이키, 우치다 요이치, 기무라 이와오, 통계탄, 니시하라 후미아키, 하라 이즈미, 후지타 히로시, 혼덴 유토리(메다카칼리지), 마에하라 마사히데, 마쓰다 나미, 아스무라 아쓰시, 미야케 기요시, 무라이 겐, 야마다 다이키, 야마모토 료타, 요네우치 다카시.

'수학 소녀의 비밀 노트'의 모든 시리즈를 계속 편집해 주시는 SB크리에이티브의 노자와 기미오 편집장님께 감사드립니다.

'cakes'의 가토 사다아키 님께도 감사드립니다.

집필을 응원해 주신 여러분들께도 감사드립니다.

세상에서 가장 사랑하는 아내와 두 아이에게도 감사 인사를 전합니다.

이 책을 마지막까지 읽어주셔서 정말 고맙습니다.

그럼 다음 '수학 소녀의 비밀 노트'에서 다시 만나요!

유키 히로시

www.hyuki.com/girl